Qual è la differenza tra computer classico e quantistico?

Computer classico: cosa fa 2+2?
Semplice: 2+2 = 2+1+1 = 3+1 = 4

Computer quantistico:
90% è 4, ma se mi dai più tempo ti dico che al 99% è 4! E con ancor più tempo ti dico che al 99,999999% è 4!

In grande sintesi, i computer quantistici hanno a che fare con le probabilità quantistiche e sacrificando un pochino la certezza assoluta (computer classici) forniscono in pochi secondi e con buona approssimazione probabilistica risultati che computer classici fornirebbero con esattezza assoluta, ma in migliaia di anni.

****

Computer Quantistico

La nuova informatica

Serie. Come funziona: panoramica tecnologie

Libro dell'autore associato a questo argomento:
Meccanica quantistica
dal quanto di Planck al bosone di Higgs
https://amzn.to/34yOOQr

COMPUTER QUANTISTICO

La nuova informatica

Disponibile anche in formato eBook: https://amzn.to/2CxdFbr

Serie. Come funziona: panoramica tecnologie
https://amzn.to/2ZsSJeX

Ettore Accenti

Linkedin: Ettore Accenti
Blog: http://ettoreaccenti.blogspot.ch/
Tutti i miei libri pubblicati: https://amzn.to/2KUSB3z

ETTORE ACCENTI PUBLISHING

Lugano - Switzerland

Ettore Accenti

COMPUTER QUANTISTICO
La nuova informatica

Serie. Come funziona: panoramica tecnologie
(Rev 2 gen 2021)

ISBN-13 9781702379274

Dedica

A mia moglie Eva, che ha corretto il testo e fornito molti utili suggerimenti.

L'autore

Fin dall'età scolare sono rimasto affascinato dal mistero insito nelle scienze e la matematica che le descrive.

Questo amore per l'ignoto mi ha portato a soddisfare sempre la mia curiosità leggendo i libri di Astronomia e di Fisica che trovavo nella vecchia biblioteca di famiglia ed in particolare "L'Astronomia popolare"del 1885, scritta dal famoso astronomo francese Camillo Flammarion, che ancora conservo gelosamente ed i lavoro di Einstein sulla relatività.

Inoltre, durante i miei numerosi viaggi non perdevo occasione per visitare osservatori astronomici come Monte Palomar e musei scientifici di ogni genere.

Una laurea al Politecnico di Milano in ingegneria e poi una complessa famiglia e la mia attività come imprenditore nel mondo della tecnologia hanno limitato questo mio hobby che non ho mai abbandonato.

Ora, con i quattro figli indipendenti, i dieci nipotini ben accuditi dai rispettivi genitori ed una moglie che si occupa delle cose di tutti i giorni, lo scrivere un libro di cucina, un altro di archeologia il correggere pazientemente le bozze dei miei libri, posso tranquillamente dedicarmi alla ricerca ed alla pubblicazione dell'oggetto della mia passione: la Fisica e l'Astrofisica.

Sommario

Premessa

In questo libro tratteremo un argomento di cui da qualche anno se ne parla molto ma che spesso viene travisato o molto semplificato.

L'arrivo del computer quantistico NON RAPPRESENTA solo un ulteriore sviluppo dell'informatica con la creazione di hardware più veloce: il computer quantistico e la sua realizzazione è la "rottura" di un muro che sembrava invalicabile per l'umanità e che avrà effetti ancora non prevedibili perché stiamo riuscendo a sfruttare i principi più intimi e nascosti della natura a nostri fini.

Spesso riteniamo che con le conquiste già realizzate in ambito scientifico e tecnologico e con i computer attuali ed anche quelli previsti noi si possa risolvere qualsiasi problema la realtà della nostra vita ci presenti.

Nulla di più falso: ed a dimostralo esiste tutta una gamma di soluzioni che la natura sa risolvere con semplicità e che per l'umanità sono inattaccabili, almeno per ora.

Un esempio, ma non l'unico, sono i problemi esponenziali, dall'apparenza semplici, ma la cui complessità raggiunge rapidamente livelli siderali in molti campi, dalla medicina alla chimica, dalla logistica alla meccanica.

Per chi non fosse avvezzo a trattare problemi di questo tipo riporto un esempio che pubblicai in un mio libro nel 2011(Il mostriciattolo semimetallico che ha cambiato il mondo: https://amzn.to/36xdFpQ) nel capitolo che si riferiva alla legge di Moore, quella legge esponenziale che ha accompagnato la crescita dei computer fino al nostro smartphone di oggi.

Citavo la favoletta di quel re che per riconoscenza verso un suo suddito esperto di matematica gli chiese cosa volesse come compenso per le sue prestazioni e come quest'ultimo avesse risposto in un modo semplice ed apparentemente banale, dicendo: "desidero tanti chicchi di grano quanti ne risultano mettendo su una scacchiera di scacchi un grano sulla prima casella e poi raddoppiando per ogni casella seguente fino all'ultima casella".

Il re rimase sorpreso per questa apparentemente modesta richiesta e chiese ai suoi scienziati di calcolare la cosa e di soddisfare immediatamente la modesta richiesta di questo astuto suddito.

Questi scienziati iniziarono subito a fare i conti raddoppiando ad ogni casella come richiesto e si accorsero ben presto che il risultato sarebbe stato così grande che non sarebbero bastati tutti i raccolti di molti anni dell'intero pianeta per soddisfare la richiesta del suddito del re.

E' proprio questo il punto nascosto nella natura: se applichiamo i nostri concetti classici tutta una serie di problematiche con crescita esponenziale questi problemi restano al di fuori della nostra portata e di tutti i mezzi di cui oggi disponiamo.

Ma la natura nel suo profondo opera in ben altro modo, i suoi componenti fondamentali che ormai ben conosciamo, le particelle, ubbidiscono a leggi ben lontane dalla nostra logica classica.

Solo da un secolo ne abbiamo scoperte molte di queste leggi fondamentali e le abbiamo descritte con la meccanica quantistica: principio di indeterminazione, entanglement; principio di sovrapposizione, interferenze e quant'altro di quel mondo fa ora parte del nostro bagaglio conoscitivo.

Ed ecco che ora quella conoscenza che era in mano ai fisici passa agli ingegneri i quali ci costruiscono sopra macchine impensabili e che stanno facendo fare all'umanità un salto in avanti trasformando quelle conoscenze in tecnologie sfruttabili: ecco che il computer quantistico ne è una di queste e qui ne parleremo tenendo ben presente che siamo solo agli albori del suo sviluppo.

Un classico problema che ha un andamento esponenziale per la sua soluzione riguarda i numeri il cui utilizzo è alla base della crittografia e la cui ricerca di nuovi e più grandi è al di fuori della portata dei super computer di oggi e di domani.

Ecco che nel 1993 uno scienziato dei Bell Laboratories di nome Peter Shor dimostrò come se si fosse in grado di costruire un computer quantistico un'operazione matematica come la scomposizione di un numero nei suoi numeri primi il tempo per farlo si sarebbe ridotto di milioni di volte rispetto ai metodi classici.

Shor, oggi noto per l'algoritmo che ha preso il suo nome, dimostrava che con macchine del genere la scomposizione di un numero con 300 cifre avrebbe impiegato pochi secondi dove un potente computer classico ci avrebbe messo molte migliaia di anni.
E' da secoli che i matematici cercano la formula che permetta di calcolare i numeri primi senza riuscirci, la natura non ce ne fornisce la chiave ed oggi si sa che questa formula non esiste.

Pare che per certe sue caratteristiche il mondo dei numeri primi sia impenetrabile ed ancora oggi per scomporre un numero qualsiasi in quella unica serie di numeri primi che moltiplicati fra loro danno il numero di partenza ci costringe, per trovarli, a dividere quel numero per tutti i divisori possibili: un'operazione che al crescere delle cifre cresce esponenzialmente.

Vedremo nel seguito perché il conoscere grandi numeri primi sia di vitale importanza per la crittografia, ma per quanto ci riguarda in questa premessa ci basti sapere che quel tipo di calcolo consente un ottimo metodo per confrontare la potenza di calcolo tra computer e come questo confronto abbia permesso di valutare la grande opportunità di riuscire a costruire un computer quantistico e comunque, tranquilli, il computer quantistico in grado di rompere la crittografia di oggi è lontano di anni ... per ora!

In che cosa consiste un computer quantistico e quanto è diverso da un computer classico? Per rispondere a questa domanda dobbiamo prendere in considerazione la complessa realtà tecnologica alla oro base e che si chiama Meccanica Quantistica.

Nel mondo microscopico da cui il computer quantistico trae origine, la materia non è quel solido insieme che quotidianamente maneggiamo, ma un etereo insieme di piccole parti che sembrano onde immerse in un grande spazio vuoto.

La natura ci impedisce di osservare questo mondo come faremmo con le cose che ci circondano, ma ci consente solo di conoscerne la probabilità che quello che osserviamo sia quello che vediamo e quindi le modalità operative del computer quantistico ci riserba una serie di peculiarità lontane dai computer tradizionali.

A questo punto il lettore si porrà la domanda fondamentale: "Come possiamo costruire un computer se il nostro intuito è incapace di formarsi un'idea della natura stessa della fisica da cui nasce?"

La risposta semplice ma molto profonda è che la natura ci ha dotato la capacità di creare modelli matematici rappresentativi di come la natura opera e, con lo strumento matematico, unito alla sperimentazione, gli scienziati penetrano anche i segreti più nascosti del micro universo e ne sfruttano le specificità per creare strumenti utili come appunto un avveniristico computer quantistico.

La matematica è il nostro microscopio intellettuale, il nostro trapano ideale che penetra quella montagna rocciosa che costituisce la realtà intorno a noi e che poi la sperimentazione completa confermandone gli assunti.

Protoni, elettroni, neutroni e quark non sono piccole sfere e non sono onde come le conosciamo nel nostro mondo; sono semplicemente quello che sono e quando le descriviamo facendone dei paragoni ci allontaniamo da loro.

Non ci è dato di esaminare un atomo con i dettagli precisi a cui siamo abituati nel nostro mondo; la natura vuole che esaminandolo inesorabilmente lo si modifichi: questa è la meccanica quantistica e questa è la difficoltà di maneggiare i qubit, come vedremo.

Nel procedere troveremo argomenti apparentemente paradossali come "trasporto istantaneo", sovrapposizione degli stati ed altro, ma paradossali non sono. Dobbiamo sempre tener presente che stiamo osservando qualcosa che non appartiene alla logica classica.

Venendo al computer quantistico, va detto che da quel lontano 1993 siamo riusciti a sfruttare la meccanica quantistica e che da qualche anno le sue performance sono diventate argomento comune ed oggetto di competizione tra grandi società.

Google, IBM, Microsoft ed una schiera di più piccole, ma specializzate come la canadese D-Wave ed altre nuove che nascono ogni giorno, fanno avanzare velocemente lo sviluppo di questo promettente prodotto dell'ingegno umano.

Cosa sta succedendo? Preparando questo libro ho contato già, oltre alle solite grandi, ben 46 nuove startup e centri di ricerca operanti in questo settore tra cui l'ultima, QuiX, nata pochi mesi fa è già largamente finanziata.

In questo libro della serie sulla tecnologia viene descritto il computer quantistico che, a quanto pare, ben presto sarà a disposizione per i calcoli complessi, per le simulazioni e, forse, fra non molti anni, lo troveremo anche sulle nostre scrivanie al posto dei vecchi Personal Computer.

Il Computer Quantistico: panoramica

La lettura di questo capitolo offre una rapida visione per comprendere in che cosa consiste la tecnologia del calcolo quantistico ed i capitoli seguenti ne approfondiranno gli aspetti tecnici ed applicativi.

La meccanica quantistica, argomento di fisica teorica nata all'inizio del secolo scorso e fino a pochi anni fa relegata nel mondo della fisica accademica, all'improvviso ha ricevuto un impulso applicativo con investimenti di miliardi di dollari.

La promessa di macchine in grado di far di conto miliardi di volte più velocemente dei migliori computer tradizionali ha sollecitato i Governi ed il mondo industriale ad investirci cifre astronomiche.

Sostanzialmente i computer quantistici sono macchine che mettono a frutto le leggi della meccanica quantistica, quella branca della fisica che studia le particelle subatomiche.

La fondamentale unità d'informazione che ne costituisce l'essenza è il "qubit" (quantum bit), che fa il paio col "bit" dell'informatica classica. Da quello differisce in modo fondamentale perché mentre il bit classico può assumere solo due stati, uno o zero, il qubit può assumerne infiniti di stati uno e zero, in una sospensione quantistica spiegato dal principio di sovrapposizione.

Questo principio sfruttato dai computer quantistici è possibile grazie alla proprietà degli stati quantistici di sovrapporsi, che abilita l'esecuzione di operazioni in parallelo (anziché una alla volta), moltiplicando esponenzialmente la potenza di elaborazione col loro utilizzo.

Vedremo nel capitolo del qubit di approfondire questo argomento e per ora ci basti sapere che oltre alla sovrapposizione di più stati i qubit mostrano altre proprietà esclusive e a dir poco eccezionali, che derivano dalle leggi della meccanica quantistica.

Tra queste, assolutamente rivoluzionaria è quella detta "entanglement", cioè la correlazione che può instaurarsi tra un qubit e un altro, in virtù della quale se si modificano in qualche modo le caratteristiche di uno dei due qubit, istantaneamente si modifica anche l'altro.

Questo comportamento consente di ottenere un'incredibile accelerazione dei processi di calcolo, riducendo da migliaia di anni a minuti il tempo-macchina necessario per la risoluzione di problematiche estremamente complesse, in pratica non affrontabili con le tecnologie tradizionali.

La figura che segue mette a confronto la rappresentazione grafica dell'unità di calcolo logico classico ed il qubit. Dall'immagine se ne può già evincere la profonda differenza che approfondiremo in un apposito capitolo.

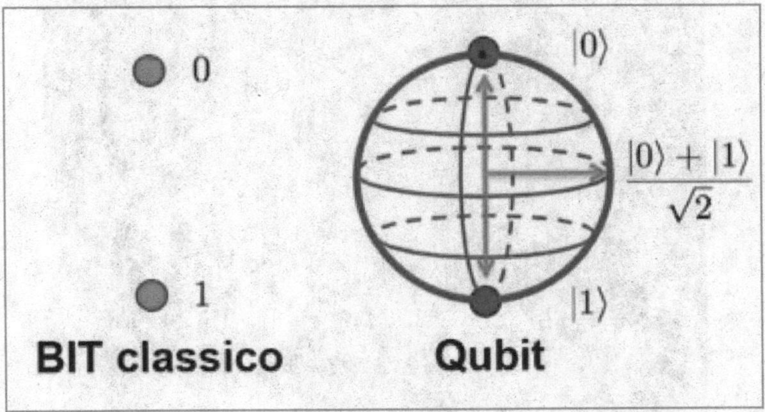

Il semplice e vecchio bit a confronto col recente e complesso qubit

Pochi di questi qubit in un computer quantistico sono sufficienti per realizzare macchine potentissime e l'aggiunta anche solo di qualche qubit ne aumenta esponenzialmente la capacità di elaborazione.

Va sottolineato subito che mentre per realizzare fisicamente un'unità con bit tradizionale è sufficiente un semplice interruttore, sia esso un transistor o uno switch meccanico, il qubit per funzionare correttamente richiede di operare alla temperatura dello zero assoluto (-273°C) o molto vicino a quella temperatura, e qui sta tutto il problema!

Il cuore del computer quantistico System One a 20 qubit di IBM

All'inizio per immergere i qubit in un ambiente così freddo il metodo più comune è stato quello di ricorrere a particolari gas liquefatti come l'isotopo elio-3, metodo estremamente costoso e poi abbandonato in favore di altri.

Un gruppo di ricercatori della TUM, Technical University of Munich, ha sviluppato un apparato a raffreddamento magnetico che ha permesso di ottenere temperature molto vicine allo zero assoluto, sufficienti per l'elettronica quantistica, evitando il ricorso all'elio-3, sistema ora in commercio da parte della startup Kiutra.

Vedremo come col passare del tempo ed il desiderio di disporre di qubit sempre più stabili ci si sia avvicinati allo zero assoluto a meno di millesimi di grado: ad oggi pare che questo ostacolo della temperatura sia ormai praticamente superato.

Quei giganteschi "scatoloni" che si vedono nelle immagini dei computer quantistici non sono altro che enormi freezer per raffreddare alcuni microchip non più grandi di un'unghia della mano e che al loro interno integrano i circuiti che gestiscono i qubit.

La questione termica si accompagna ad una seconda importante problematica che il quantum computing deve superare per il mantenimento della qualità dei qubit. Potenti ma delicati, questi qubit sono estremamente sensibili a qualsiasi interferenza, per quanto piccola, come vibrazioni, fluttuazioni della temperatura ed onde elettromagnetiche, perdono infatti rapidamente le loro speciali caratteristiche quantistiche.

Tutti gli sforzi sono attualmente volti a creare sistemi a protezione di questi chip ed i loro qubit per evitare che perdano le informazioni.

Una importante via consiste nell'aumentarne il numero di qubit e quindi la ridondanza, comportando questo però altre difficoltà che devono essere superate come vedremo e che le industrie fanno a gara per svilupparle.

Col passare del tempo, infatti, il numero di qubit reclamizzato dalle aziende in gara aumenta ed a questo proposito la fortuna vuole che anche per i qubit sia stata individuata una legge che fa il parallelo con la legge di Moore del mondo dei semiconduttori, quella che ne prevedeva il raddoppio delle capacità ogni due anni.

Nel mondo dei computer quantistici si sta verificando una legge, detta legge di Schoelkopf, in base alla quale i tempi di coerenza dei qubit, ovvero per quanto tempo possono operare prima che qualche interferenza venga a guastarli, migliora di un fattore 10 ogni tre anni.

Questa legge permette di prevedere il futuro sviluppo dei computer quantistici come la legge di Moore l'ha consentito per i microchip ed i computer classici: un bel colpo!

COMPUTER QUANTISTICO IBM

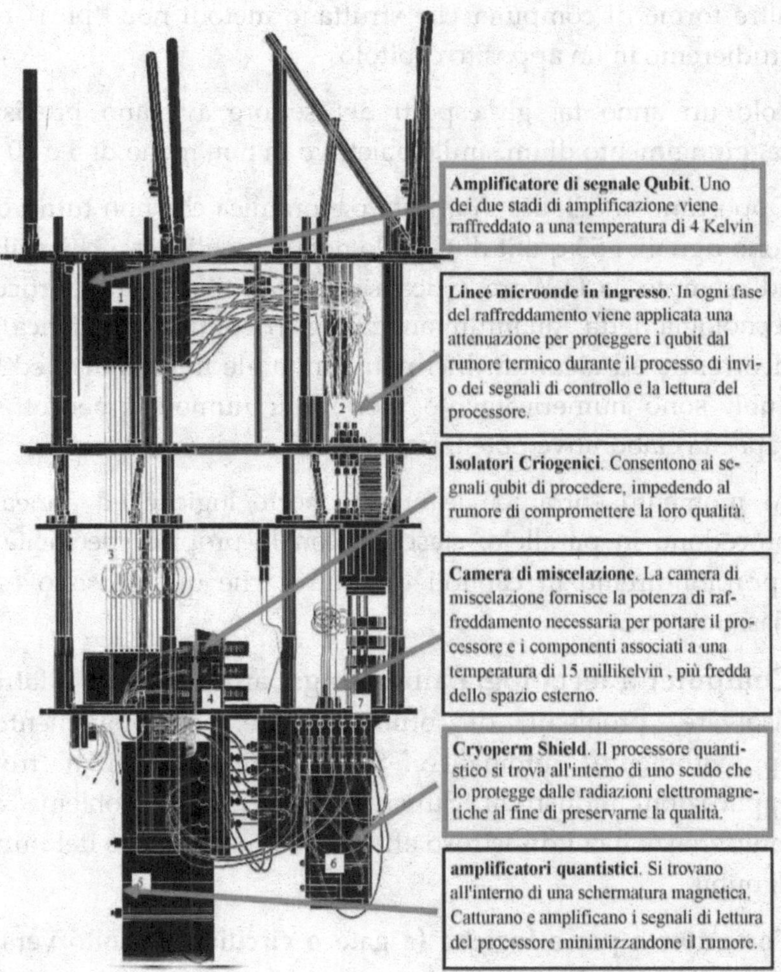

Componenti del computer quantistico IBM System One

A questo proposito Google ha annunciato di essere riuscita a realizzare un computer quantistico con 53 qubit reali, cioè utilizzando "porte logiche", in grado di calcolare in 3 minuti e 30 secondi quello che il più veloce computer tradizionale calcolerebbe in 10.000 anni".

È il massimo raggiunto alla data del 2019 per un computer quantistico definito "modello gate" (a porte logiche), la forma quantistica pura dell'impiego dei qubit, da non confondersi con altre forme di computer che sfruttano metodi non "puri" e che studieremo in un apposito capitolo.

Solo un anno fa, gli esperti del settore avevano previsto il raggiungimento di un simile obiettivo in non meno di 5 o 10 anni!

Opportuno anticipare in questa panoramica che non tutti i qubit sono uguali: i 53 qubit di Google non sono gli stessi che utilizza, ad esempio, la D-Ware. Questa azienda utilizza una particolare tecnologia detta "quantum annealing" *(*ricottura quantistica*)*, che ricorrendo ad alcuni artifici non elimina le interferenze ed i cui qubit sono numericamente molto più numerosi per ottenere capacità elaborative potenziate.

Al momento entrambe le strade, porte logiche ed annealing, procedono in parallelo, ciascuna con le proprie specificità che approfondiremo in capitoli dedicati e che qui possono essere riassunte così:

Computer a tecnologia annealing: particolarmente adatti per risolvere problemi di ottimizzazione, campionamento e apprendimento automatico. Sono stati i primi a trovare applicazioni industriali. Supera con artifici il problema delle interferenze il cui disastroso effetto cresce al crescere del numero di qubit.

Computer a porte logiche (a gate o circuitali): molto versatili, utilizzano tecnologia quantistica "pura" e promettono un'ampia fascia di applicabilità. Sono però molto più impegnativi da realizzare rispetto a quelli annealing soprattutto perché le interferenze ne limitano il numero di qubit utilizzabili.

Ambedue i tipi con le performance che prospettano, rendono possibili applicazioni sia per l'industria e sia per la ricerca che fino ad oggi erano irraggiungibili con tecnologie classiche.

IBM dal 2016 per favorire la sperimentazione da parte di tutti con l'informatica quantistica permette di accedere al suo cloud e sperimentare l'utilizzo del suo computer quantistico.

Programmatori di tutto il mondo possono così provare i loro algoritmi assoggettandoli alla elaborazione del calcolo quantistico.

Sempre IBM, al momento della stesura di questo libro, sta aprendo un nuovo centro nello stato di New York, dove saranno ubicate un ulteriore numero di macchine quantistiche da utilizzare on-line.

In forte crescita è la fila di altre aziende che intendono avvicinare a loro la futura clientela proponendo computer quantistici online.

Esempi sono la Rigetti Computing e la canadese D-Wave che hanno lanciato servizi cloud attraverso cui offrono la possibilità di sperimentare le potenze di calcolo raggiungibili con applicazioni ultra-complesse scritte dai clienti.

Già con l'utilizzo di queste soluzioni, senza dover acquistare costosi hardware, si prevede la possibilità di sviluppare nuovi farmaci, nuovi materiali e creare simulazioni avveniristiche di strutture particolarmente complesse.

E' prevedibile una fase successiva simile a quella che portò i giganteschi mainframe degli anni cinquanta a diventare quei ben più potenti computer che oggi stazionano sulle nostre scrivanie.

Con gli enormi investimenti in corso e con il numero crescente di attori coinvolti si può ritenere che questa rivoluzione sarà molto più veloce.

Come allora, anche oggi la sfida primaria sarà quella di costruire macchine molto più piccole e affidabili e molto più economiche.

La riduzione delle dimensioni è già in corso con promettenti startup che stanno progettando minicomputer quantistici assemblabili e collegabili in rete quantistica tramite interfacce specializzate.

Questa via porterebbe l'informatica quantistica fuori dai laboratori abbastanza presto e così l'hardware approderebbe al mondo commerciale.

Rimane la questione del raffreddamento verso lo zero assoluto, il vero ostacolo tecnico, ma prima o poi anche per questo si troverà qualche diavoleria tecnica che consentirà di raggiungere l'obiettivo di ridurne le dimensioni.

Il computer quantistico "annealing" D-WAVE 2000Q

Per quanto riguarda le applicazioni va fatta una importante premessa. Allo stato attuale il calcolo quantistico si presta bene per alcuni tipi di applicazioni, per le quali è agevole predisporre gli algoritmi necessari, leggi software, ma non per tutte le applicazioni.

Mentre coi computer classici l'aumento della complessità del problema da risolvere richiede tempi che aumentano esponenzialmente con la complessità del problema, col calcolo quantistico i tempi si riducono di parecchi ordini di grandezza, ma non per tutte le applicazioni.

Mentre questo permette ai computer quantistici, per esempio, di risolvere efficacemente e con immediatezza le più complesse problematiche di ottimizzazione delle decisioni tra un gran numero di possibili opzioni, per altre i computer classici offrono soluzioni migliori.

Per un computer quantistico è un gioco da ragazzi risolvere l'ottimizzazione del percorso più conveniente per le spedizioni delle merci, il modo più efficiente per estrarre risorse da una miniera, l'allocazione più produttiva delle risorse in una linea di produzione, la ricerca di metodi innovativi nel trovare nuovi farmaci e la gestione del rischio nei più diversi ambiti.

Anche le soluzioni per il campionamento allargando enormemente il campione stesso, ad esempio, nell'analisi su un'ampia popolazione ai fini di determinarne la "customer satisfaction" è agevole per un computer quantistico. Con i computer classici la dimensione dell'elaborazione aumenta esponenzialmente con all'aumentare della dimensione del campione: il parallelismo del mondo quantistico ne consente le determinazioni in tempi di ordini di grandezza inferiori.

Le problematiche d'intelligenza artificiale saranno risolte dalla aumentata capacità dell'apprendimento automatico in moltissimi settori.

Un'azienda potrà costruirsi un modello probabilistico di un certo comportamento della sua clientela e verificarlo con un computer quantistico per ottenere informazioni aggiuntive su tale modello utilizzando un apprendimento automatico per determinare come migliorare la propria offerta nel futuro.

Si può intuire facilmente come le imprese che, grazie alla disponibilità di queste tecnologie, avranno maggiori capacità di ottimizzazione e saranno molto più competitive rispetto a quelle che non ne disporranno.

Detto questo va sottolineato come i computer classici non andranno in pensione prima di tutto per la loro eccellenza in certe applicazioni e poi perché il computer quantistico richiede un computer classico per la sua gestione.

Per quanto riguarda gli algoritmi specifici per il calcolo quantistico esistono cataloghi online per uso anche commerciale, come quello gestito dal National Institute of Standards and Technology (NIST) negli Stati Uniti.

Man mano che gli sforzi sperimentali per realizzare computer quantistici acquisteranno slancio, la sfida diventerà sempre più quella di concepire e creare rapidamente nuove applicazioni.

Siamo solo all'inizio ed il numero delle startup che si stanno impegnando in questo senso come 1QBit, QxBranch, QCWare, e molte altre, forniscono software standard per colmare il divario tra la ricerca sperimentale e il mercato.

Terminata questa panoramica passiamo ora ad approfondire questo nuovo mondo dell'informatica nei prossimi capitoli cominciando dai tre principi della meccanica quantistica che ne sono alla base.

Il lettore non interessato alla fisica può senz'altro saltare i tre capitoli che seguono senza che il filo conduttore per l'analisi del computer quantistico sia persa.

Principio di indeterminazione di Heisenberg

La meccanica quantistica è una rivoluzionaria teoria scientifica nata nel secolo scorso e rimasta per lungo tempo nel cassetto dei fisici con i suoi strani ed imperscrutabili principi. Ora acquisisce una incredibile centralità ed è al centro della nuova rivoluzione dell'informatica con lo sviluppo dei computer quantistici.

In questo capitolo e nei prossimi si descrivono alcune caratteristiche di questa difficile teoria ormai sulla bocca di tutti e spesso travisata tentandone assurde semplificazioni.

I concetti di questa branca della fisica nulla hanno a che fare col mondo classico, nemmeno con le teorie relativistiche di Einstein e che hanno portato alla nostra conoscenza come il mondo corpuscolare goda della dualità onda-particella, cioè come tutto sia contemporaneamente onda e corpuscolo.

Contemporaneamente il concetto di "località" in quel mondo non esiste e regna un limite invalicabile impostoci dalla natura alla nostra investigazione detto principio di "indeterminazione di Heisenberg", oggetto di questo capitolo.

Nonostante tutto questo noi siamo in grado di sfruttare quel mondo per costruirci le nostre potentissime macchine.

Lo scienziato e premio Nobel Werner Heisenberg nel 1927 trasformò in principio una realtà del mondo atomico affermando che due grandezze correlate di una particella non possono essere misurate con precisione arbitraria dando origine ad implicazioni rivoluzionarie per i suoi tempi, anche di tipo filosofico, e che ancora oggi non trovano un totale accordo tra gli addetti ai lavori.

Leggendo l'enunciazione di questo principio chiunque non addentro a questo mondo così lontano dal nostro modo di pensare è portato ad affermare: "Va bene, questo ora, ma un giorno qualche altro scienziato scoprirà il modo per superare questo limite!".

E questa era anche l'opinione di Einstein e di altri suoi contemporanei. Solo che sono passati quasi cento anni e pare proprio che quel principio la natura se lo tenga ben stretto.

Ricordiamo come Heisenberg, partendo dalla teoria enunciata nel 1900 dal fisico tedesco Max Planck secondo la quale l'energia delle radiazioni non è un "continuo", ma è costituita da quanti o pacchetti di energia che si propagano nello spazio come fossero corpuscoli, abbia intuito come in quel microscopico Universo la conoscenza non potesse procedere come nel mondo classico.

La fisica classica per descrivere un corpo in movimento assicura come sia possibile misurare con esattezza due misure correlate come velocità e posizione disponendo dei giusti strumenti per farlo. Heisenberg dimostrò come nel caso di oggetti infinitamente piccoli come le particelle atomiche quelle misure non potessero essere fatte con precisione indipendentemente dagli strumenti utilizzati.

Dimostrò come ineluttabilmente l'atto dell'osservazione di una particella ne alterasse sempre il comportamento e come non fosse possibile disporre di un mezzo, un'onda, piccola a piacere per osservare l'oggetto: infatti un singolo "quanto" di luce è quel minimo invalicabile per osservare un qualsiasi oggetto!

Quindi se si colpisce con il "proiettile quanto" l'oggetto sotto osservazione lo si individua in un ben preciso luogo, ma contemporaneamente se ne altera la velocità che resta indeterminata.

La sua conclusione fu che tanto più grande è la precisione per misurare la posizione di una particella tanto meno precisa è la misura della sua velocità. E questo si verifica per qualsiasi coppia di grandezze misurabili correlate.

La genialità di Heisenberg fu quella di quantificare questa sua intuizione con la famosa equazione:

PRINCIPIO D'INDETERMINAZIONE DI HEISENBERG

Incertezza della velocità **Costante di Planck**

$$\Delta x \cdot \Delta v \geq \frac{h}{4\pi}$$

Incertezza della posizione

L'enunciazione corretta del principio d'intermediazione diventa così:

"Esiste un limite per il grado di finezza dei nostri mezzi di osservazione e di conseguenza un limite inferiore per l'entità della perturbazione che accompagna l'osservazione stessa, limite che è inerente alla natura stessa delle cose e che non può essere superato mediante tecniche migliori o maggior perizia da parte dell'osservatore".

Di conseguenza l'Universo fisico per come lo conosciamo è frutto di un insieme di probabilità che si manifestano nelle nostre osservazioni.

Il tipo di conoscenza che ne deriva è dunque probabilistico e questo principio è una colonna portante della fisica moderna, ma la sua importanza travalica l'ambito della fisica ed investe tutto ciò che concerne i processi di conoscenza umana.

La più rilevante conseguenza, tanto contrastata da Albert Einstein, è l'impossibilità di pervenire ad una conoscenza oggettiva completa e imparziale di un qualsiasi fenomeno atomico.

Quindi, anche il concetto di probabilità assume un aspetto nuovo nella meccanica quantistica. Per la meccanica classica (Laplace, Boltzman, Poincaré, Lorenz, ecc.) la probabilità viene associata ad eventi casuali di cui non si conoscono tutte le variabili del sistema.

Se si lancia un dado, se si tira una freccia, la probabilità del risultato deriva dall'incertezza dovuta ad una mancanza di conoscenza di tutte le variabili in gioco.

In teoria, se conosciamo tutte le variabili di un qualunque sistema, la probabilità diventa "certezza matematica".

Nella meccanica quantistica la probabilità è data da una funzione d'onda scoperta dallo scienziato Erwin Schrödinger e detta "funzione d'onda" che nella sua complessità rappresenta "**l'ampiezza di probabilità**" associata al sistema in esame.

La funzione d'onda è il massimo dell'informazione possibile sul sistema e può essere solo probabilistica. E questa probabilità non deriva da una mancanza di conoscenza dello stato iniziale del sistema, ma è intrinseca della realtà.

E' a questo punto che molti, tra cui Einstein", si sono posti la domanda: "Ma allora nulla è certo". Niente di tutto questo: si dimostra che si possono costruire sistemi con probabilità 100% ed ottenere un risultato certo proprio come il computer quantistico oggetto di questo libro.

Principio di sovrapposizione

Si tratta di un atro fondamentale postulato della Meccanica Quantistica che si aggiunge al precedente. Questo principio afferma che due o più stati quantistici possono essere sovrapposti, cioè sommati, e dar origine ad un altro stato quantistico autonomo. Lo stesso principio afferma anche che ogni stato quantistico può essere rappresentato come somma di due o più altri stati quantistici distinti.

E' proprio sfruttando questo principio che si è riusciti a realizzare computer quantistici con i loro particolari "qubit", oggetti che possono trattare una grande quantità di stati, cioè di uno e zero, in contrasto col classico bit che ne può assumere solo due.

Questo principio afferma anche come fino a quando non si esegue una misurazione su un sistema, questo rimane in uno stato "indefinito", costituito dalla "sovrapposizione" di tutti i suoi possibili stati. Se lo si va a "vedere" o "testare" crolla in uno solo dei suoi stati, quello fondamentale.

Questo è il punto fondamentale che dà una "fragilità" ai qubit, il cuore dei computer quantistici, e per questo devono essere tenuti a temperature molto prossime allo zero assoluto, "congelando" il loro stato. Ma anche così il loro congelamento dura pochi attimi e vedremo in seguito le complicate tecniche necessarie per sfruttarli prima che i loro dati svaniscano.

Il formalismo quantistico introduce questo nuovo e contro-intuivo elemento per cui, osservando uno stato del mondo microscopico, l'osservazione diventa parte indissolubile del risultato della misurazione.

Approfondiamo questo punto fondamentale della Meccanica Quantistica alla base della natura e che non ci permette di predire un singolo risultato ben definito per una determinata osservazione.

Se si esegue una misurazione su un gran numero di sistemi simili, otterremo dei risultati diversi distribuiti statisticamente intorno ad un valore centrale.

E' prevedibile solo il numero approssimativo di volte in cui il risultato si presenta come il primo oppure il secondo e così via, ma mai è prevedibile il risultato di una singola misurazione specifica.

Nella documentazione divulgativa si è soliti fare l'esempio della freccetta: se si lancia una freccetta verso un preciso bersaglio la meccanica classica è in grado di prevedere esattamente se la freccetta colpirà il bersaglio o se lo mancherà, cioè fornisce due sole e ben distinte possibilità!

Conoscendo inoltre la velocità della freccetta al momento del lancio assieme a tutti gli altri parametri, gravità, forza del vento, ecc., si sarebbe certamente in grado di prevedere matematicamente l'esatto punto d'arrivo della freccetta.

Nel mondo della Meccanica Quantistica questo ragionamento non è più valido, ma si possono solo calcolare le varie probabilità perché la freccetta colpisca i vari diversi punti, dentro e fuori il bersaglio.

Si ha cioè una certa probabilità non nulla che la freccetta colpisca anche qualche punto molto lontano dal bersaglio.

Se si potesse portare l'esempio della freccetta nel nebuloso mondo quantistico, magari sostituendola con un elettrone, si avrebbe una situazione come nell'immagine che segue, con la sola differenza che le traiettorie probabilistiche sarebbero praticamente infinite.

Nel nostro mondo macro con l'esatto calcolo newtoniano avremmo che sicuramente la freccetta non andrà da nessun'altra parte che in solo punto e se il lanciatore è uno molto bravo, colpirebbe il centro e solo quello.

Se si utilizzassero i calcoli probabilistici della Meccanica Quantistica nel caso della freccetta reale, le probabilità per le varie traiettorie diverse da quella newtoniana sarebbero talmente piccole da poter essere considerate nulle.

A scala atomica non è possibile predire esattamente cosa accadrà alla freccetta "atomizzata", ma solo che ripetendo l'esperimento molte volte, ci si può attendere che, in media, un certo numero di volte su 100 la freccetta atomica colpirà il centro del bersaglio.

La Meccanica Quantistica, quindi, introduce un elemento legato al caso che pone dei limiti alle nostre capacità di essere predittivi come accadeva nella fisica classica e questo limite, lo si ripete, non è dovuto ai nostri limiti tecnologici, ma è un invalicabile limite che ci pone la natura.

Per poter operare in questo nuovo micromondo si son dovuti abbandonare gli strumenti matematici utilizzati nella fisica classica e crearne di nuovi che non descrivono più il mondo nei termini di "bianco o nero" tra onde o particelle, ma molto più fumosamente in termini probabilistici a secondo di come lo si osserva.

Solo la matematica può descrivere i fenomeni quantistici

Allo stato attuale la Meccanica Quantistica con i suoi modelli matematici spiega più del 90% degli oggetti fisici esistenti fino al recente bosone di Higgs e forse anche il previsto e sfuggente gravitone, ancora mancante alla lista della spesa della fisica moderna.

Vediamo di approfondire meglio la questione fondamentale della doppia realtà corpuscolo-onda del mondo atomico sfiorando i meccanismi matematici che la trattano.

Abbiamo visto come le particelle **dotate di massa** possano comportarsi come onde e questo ha portato a formulare una "**meccanica ondulatoria**" in cui le onde sono di materia e quindi ben diverse, per esempio, dalle onde elettromagnetiche che si propagano ovunque nello spazio. Dobbiamo chiederci dove si propaghino queste onde che provengono dal dualismo onda-particella e che non è un'onda come la pensiamo tradizionalmente.

Questa strana realtà ha portato i matematici a formulare una meccanica ondulatoria in uno spazio matematico, e quindi immaginario, con un formalismo completamente nuovo.

Dobbiamo renderci conto che la Meccanica Quantistica riguarda fenomeni che la nostra mente non può più immaginare come nella meccanica classica a meno di non allontanarci completamente dalla realtà che vorremmo rappresentarci.

Non può esistere un intuito che possa afferrare il mondo quantistico, un mondo che rimane nascosto agli occhi della nostra mente.

Spazio di Hilbert

Siamo nel mondo ideale della matematica: una particella vista come onda non si propaga nel nostro spazio, non possiamo vederla, ma possiamo descriverla ricorrendo allo ***spazio che il matematico Hilbert*** *ha creato idealmente all'inizio del secolo scorso e che oggi sfruttiamo per infilarci le nostre strane onde quantistiche.*

Senza addentrarci nelle complesse teorie che hanno forzato gli scienziati ad allargare enormemente l'utilizzo dello strumento matematico per comprenderci questo nuovo mondo, possiamo affermare che come eravamo soliti ai tempi della scuola descrivere i fenomeni (traiettorie di oggetti, movimenti accelerati ecc.) in spazi tridimensionali, detti euclidei, ora quegli spazi non ci bastano più e dobbiamo ricorrere a spazi ideali con altre caratteristiche, appunto lo spazio di Hilbert.

Attenzione anche lo spazio euclideo, in cui tutto ci appare chiaro e semplice perché lo conosciamo, è in realtà una pura creazione mentale: in natura quello spazio non esiste, non esistono rette parallele che non si incontrano o punti senza dimensione, ma con quell'astrazione basata sui postulati di Euclide misuriamo superfici reali, calcoliamo triangoli, misuriamo le orbite dei satelliti ed il tutto ci pare naturale.

Ora abbiamo un'altra creazione mentale, lo spazio di Hilbert, in cui immergiamo tutti nostri modelli quantistici ed in cui verifichiamo se questi modelli funzionano, incluso il qubit.

La struttura dello spazio di Hilbert poggia su postulati molto diversi da quelli che nella geometria classica definiscono gli spazi euclidei che si studiano a scuola … tutto qui!

Formalismo di Dirac

*Rifacendosi allo sviluppo matematico di quel Paul Dirac che abbiamo descritto in un capitolo precedente, si utilizza lo spazio di Hilbert in cui qualsiasi stato fisico viene rappresentato da un certo elemento matematico denominato "**ket**", o vettore ket, rappresentativo della sovrapposizione di una serie di elementi lineari.*

La struttura di questo spazio permette quindi di rappresentare uno stato quantistico con un ket, che ha la proprietà che proiettato in modo opportuno genera una funzione d'onda, un formalismo ideale per descrivere le osservabili onda-corpuscolari della Meccanica Quantistica.

*Dirac ha avuto la bella idea di utilizzare la parola inglese "**braket**", che significa "parentesi", e dividerla in due parti "**bra**" e "**ket**", come descrive lui stesso nel suo volume "I principi della Meccanica Quantistica".*

In quel testo Dirac afferma testualmente: "In Meccanica Quantistica è opportuno designare con un nome speciale i vettori connessi con gli stati di un sistema, siano essi riferiti ad uno spazio con un numero finito di dimensioni, o infinito di dimensioni.

Li chiameremo vettori "ket" , o semplicemente "ket", e denoteremo uno di essi in generale col seguente simbolo: **|>**. *Per specificarne uno con la lettera "A" inseriremo tale lettera in mezzo e scriveremo* **|*A*>.** *Troveremo spesso questo modo di scrivere i vettori nella teoria dei computer quantistici, a cominciare dal qubit che approfondiremo in un prossimo capitolo.*

Dirac sviluppa le operazioni tra questi vettori che possono sommarsi, moltiplicarsi e compiere una serie di operazioni con proprietà che costruiscano la sua complessa matematica per descrivere il mondo atomico e trarne delle previsioni.

Fu con questi suoi calcoli che Dirac dimostrò l'esistenza del ***positrone*** *decine di anni prima della sua scoperta.*

Così il premio Nobel Dirac ha creato uno dei più eleganti modi di rappresentare quei fenomeni sfuggenti ad ogni logica precedente, formalizzazione definita da altri fisici come "bellissima formalizzazione".

Equazione di Schrödinger e Hamiltoniana

Nei documenti teorici che trattano il computer quantistico spesso si incontreranno termini come "Hamiltoniana", "spazio di Hamilton" dove si svolgono i fenomeni che ci interessano, per cui vediamo di sfiorarne il significato nel seguito.

Riprendiamo la nostra particella ed alla sua funzione d'onda di Schrödinger, se misuriamo quella particella, ad esempio, inviandole dei fotoni per individuarla, interagiamo con la sua funzione d'onda e così possiamo localizzarla, mentre prima della misurazione ne conoscievamo solo le probabilità di trovarla nelle infinite posizioni possibili, probabilità che proprio la funzione d'onda esprime matematicamente.

Con l'atto della misurazione l'onda collassa e da quel momento in poi la particella viene individuata con precisione e non si trova da nessun'altra parte nell'Universo.

Tra i vari formalismi che vengono utilizzati per descrivere questi processi uno dei più comodi è proprio quello di Hamilton.

*Questo **formalismo hamiltoniano** si basa sui postulati della Meccanica Quantistica tra i quali si suppone che ogni sistema fisico abbia la sua corrispondente funzione d'onda all'interno di questo spazio di Hilbert.*

Detto in altro modo, data una particella esiste un suo corrispondente oggetto matematico, appunto la funzione d'onda descritta dall'equazione di Schrödinger, nello spazio di Hilbert.

Questa funzione d'onda, se non vengono effettuate misure di alcun tipo, evolve secondo l'equazione di Schrödinger. Questa equazione regola l'evoluzione degli stati o delle funzioni d'onda all'interno dello spazio di Hilbert.

*Dobbiamo ora introdurre il concetto di **osservabile**, cioè una grandezza di un oggetto fisico, ad esempio una mela, che possiamo far cadere da un albero e di cui, in base alla meccanica classica, conosciamo ad esempio l'osservabile "energia cinetica" che è pari al quadrato della velocità moltiplicato per la massa della mela ed il tutto diviso per due.*

Con la Meccanica Quantistica vi sono i limiti di misura imposti dal principio di indeterminazione di Heisenberg e la presenza di grandezze non osservabili rappresentate da numeri complessi di difficile interpretazione fisica.

La funzione d'onda di Schrödinger, vista in precedenza ci fornisce almeno l'informazione probabilistica sull'osservabile, infatti il modulo al quadrato del Ψ *e cioè* $|\Psi|^2$ *che compare nell'equazione è un numero reale e fornisce la densità di probabilità per l'osservabile.*

Riassumendo, in Meccanica Quantistica la misura di un'osservabile non può che essere probabilistica, infatti il processo di misura fa collassare il sistema sotto misurazione in quello che matematicamente viene definito "autostato dell'osservabile", che ha a che fare con lo spazio di Hilbert.

*Abbiamo così "sfiorato" la complessa costruzione per descrivere la moderna fisica che si fa risalire a quella che venne chiamata "**Interpretazione di Copenaghen**".*

In quella città, giovanissimi scienziati, tutti destinati a diventare premi Nobel, intorno all'anno 1927 misero a punto gli strumenti per operare nel mondo del piccolissimo: Bohr, Heisenberg, Schrödinger, Dirac e Pauli grazie alle loro giovani menti e nonostante l'opposizione di grandi come Einstein, uscirono dal conosciuto per esplorare e formalizzare il profondo mistero della materia al livello fondamentale.

Non riuscirono a conciliare la Meccanica Quantistica con la teoria generale della relatività e l'unificazione di queste due teorie attende una soluzione ancora oggi.

Entanglement (correlazione quantistica)

Questo affascinante aspetto della Meccanica Quantistica è sfruttato nella realizzazione di computer quantistici per collegare vari moduli ad alta velocità, praticamente istantanea, tenuti a temperature prossima allo zero assoluto.

L'entanglement, il cui termine anglosassone fa ormai parte del comune linguaggio, si riferisce al fatto che due particelle che interagiscono (sono "entangled", cioè "correlate") anche se vengono separate ponendole a grande distanza fra loro, quando se ne sollecita una in modo da modificarne lo stato, istantaneamente si modifica lo stato anche dell'altra.

E' opportuno anticipare subito che questa definizione, letta con alla mente la meccanica classica, porterebbe all'assurdo di poter trasmettere a qualsiasi distanza istantaneamente informazioni, assurdo che ha portato alcuni a fantasticare che su una fantascientifica astronave si possa in futuro comunicare con la Terra senza il ritardo dovuto alla velocità delle onde elettromagnetiche.

Niente di più falso, la relatività ristretta o speciale impone che nulla possa superare la velocità della luce, nemmeno l'informazione e questo, è rispettato anche dall'entanglement che il computer quantistico utilizza per connettere i suoi qubit.

Cominciamo col definire cosa si intende con la dizione "due particelle correlate" prendendone proprio due che correlate lo sono per natura.

Dobbiamo rifarci all'atomo ed alla sua ormai ben noto modello con i suoi elettroni che ruotano intorno al nucleo sia che li si veda come particelle sia che li si consideri onde.

Il principio d'esclusione di Pauli impone che in ogni orbita possano esistere contemporaneamente al massimo due elettroni se dotati di spin opposti (ricordo che lo spin è una forma di momento angolare associato ad una particella che concorre a definire lo stato quantico della particella ed e' assimilabile alla rotazione di un oggetto intorno al proprio asse e che può assumere valori interi o frazionari).

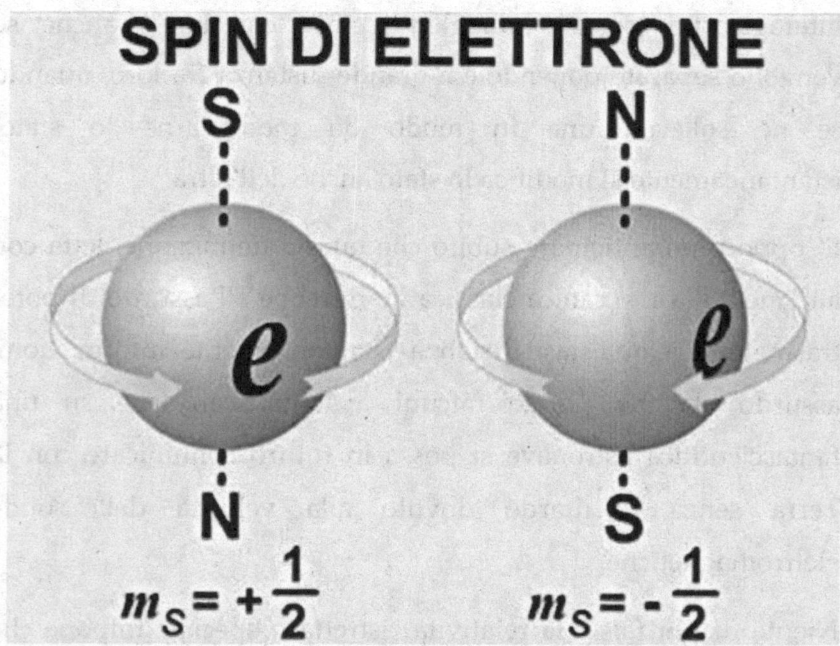

Se questi elettroni estratti dall'atomo appartenevano alla stessa orbita allora possiamo sicuramente affermare che sono correlati o entangled in quanto la struttura dell'atomo imponeva loro un legame in base al quale se cambiava lo spin di uno, l'altro doveva assumere un valore opposto per appartenere alla stessa orbita.

Se osserviamo uno dei due elettroni all'esterno dell'atomo mentre sono correlati, cioè se ne misuriamo lo stato, la sovrapposizione sparisce e individuiamo con precisione il suo spin e quindi quello dell'altro elettrone risulterà correlato sarà con spin opposto come nella immagine seguente.

ELETTRONI ENTANGLED A

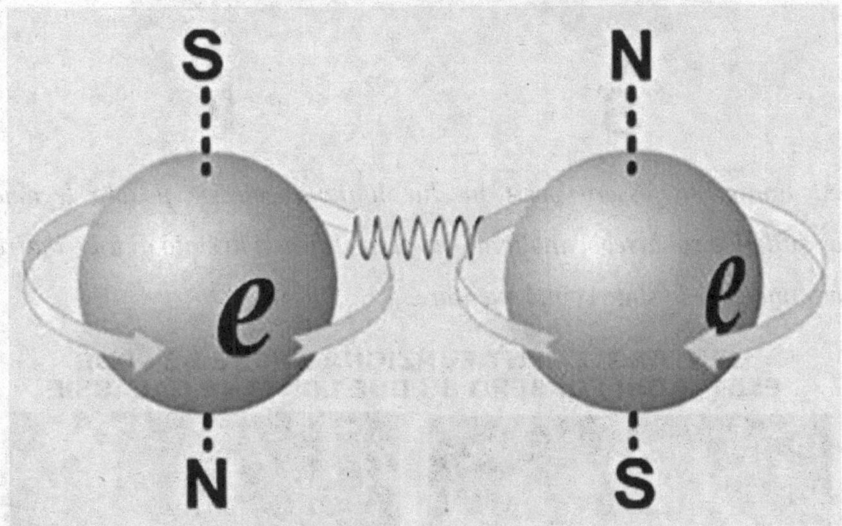

Se modifichiamo lo spin del primo elettrone, la matematica dimostra che anche l'altro elettrone cambierà, per quanto lontano, modificando il suo spin.

Tra i due elettroni esiste pertanto un legame ovunque li si trasporti ed a qualunque distanza tra loro li si ponga.

ELETTRONI ENTANGLED B

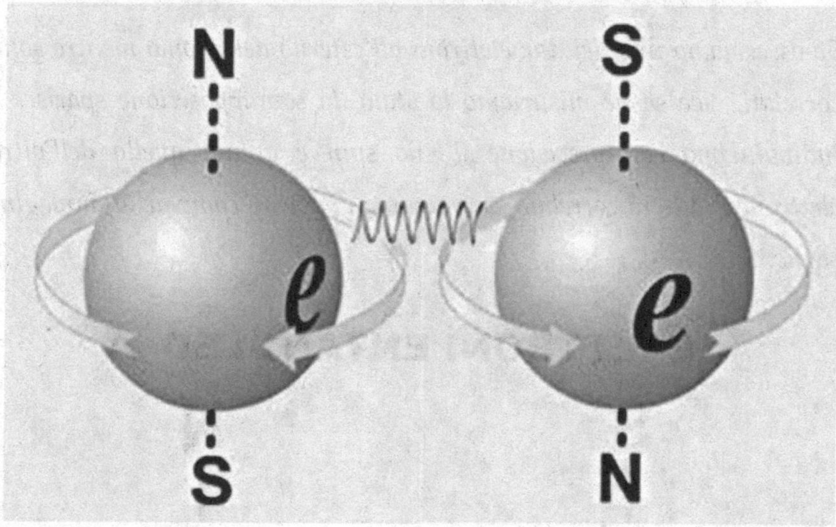

Al limite, se fossero posti in due lontane galassie il loro legame quantistico rimarrebbe inalterato ed al modificarsi lo stato di uno, l'altro assumerebbe lo stato complementare.

L'ENTANGLEMENT FUNZIONA ANCHE SE I DUE ELETTRONI FOSSERO SU DUE LONTANE GALASSIE

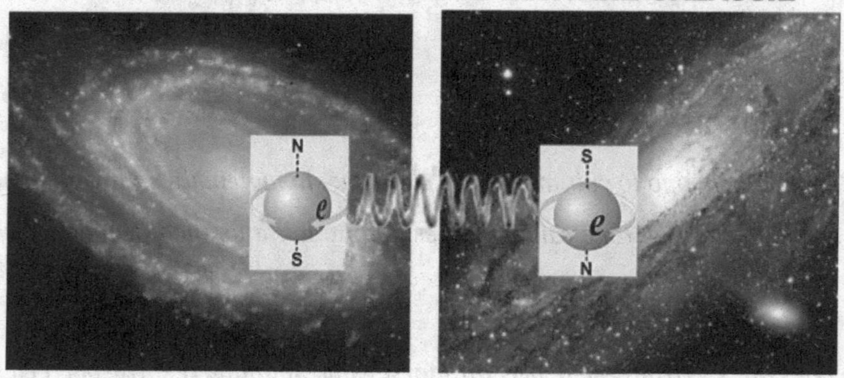

Quanto detto è anti-intuitivo se letto con gli occhi della meccanica classica, mentre nel mondo quantistico è una naturale conseguenza dei principi che abbiamo più volte enunciato.

L'entanglement è spiegato dall'analisi dello spazio matematico in cui opera la Meccanica Quantistica con le sue astrazioni che non ne consentono una comprensione nel senso classico della parola.

*Riprendiamoci il principio di sovrapposizione descritto nel capitolo precedente che recita "**lo stato di un sistema fisico è descritto dalla sovrapposizione di più sistemi**".*

Come conseguenza anche i sistemi sovrapposti sono correlati fra loro e la descrizione matematica impone che la misura di un'osservabile di un sistema in sovrapposizione determini istantaneamente il valore degli altri sistemi correlati.

Un sistema di questo tipo lo troviamo, ad esempio, nell'atomo che abbiamo visto prima e da cui abbiamo strappato i due elettroni dalla stessa orbita e che sono correlati proprio per il loro stato di come e dove orbitano.

Rifacendoci alla formulazione che descrive il sistema nello spazio di Hilbert, sappiamo che prima che si interagisca col sistema stesso per conoscere gli spin dei due elettroni questi possono avere qualsiasi valore tra i due possibili: ci è dato conoscerne solo la probabilità mediante l'equazione d'onda.

In pratica il sistema non perturbato viene considerato, sempre matematicamente, come la sovrapposizione di infiniti possibili sistemi ciascuno dei quali può assumere un qualsiasi valore con la sua probabilità.

Se perturbiamo il sistema per misurarne lo spin, immediatamente i due elettroni assumono un preciso stato con i rispettivi spin complementari.

Ora immaginiamo di allontanare uno degli elettroni dall'altro e di perturbarne solo uno per verificarne lo spin, la domanda è: "che succede allo spin dell'altro? La risposta è che assume lo spin opposto di quello misurato perché è con quello correlato … non può esserci alternativa, se ci fosse cadrebbe l'intera costruzione della Meccanica Quantistica che finora si è dimostrata ben solida.

Quindi la matematica impone quanto descritto e la stessa matematica prescinde dalla distanza tra i due elettroni, cioè non interviene nelle equazioni.

Ricordiamo sempre che gli elettroni non sono piccoli pezzetti di materia come palline, non sono nemmeno onde come le pensiamo quando guardiamo il mare o giochiamo con lo smartphone, sono entità onda-corpuscolo chiamate così per capirci, ma che nulla hanno a che fare con le onde ed i corpuscoli con cui trattiamo ogni giorno, l'unico modo per afferrarli sono le equazioni che li descrivono in spazi immaginari.

Dobbiamo ora chiarirci come non sia possibile sfruttare l'entanglement per inviare a distanza informazioni.

Uno scrittore di fantascienza potrebbe immaginare di creare un telegrafo istantaneo tra la Terra ed una lontanissima astronave: sarebbe semplice se non ci fosse di mezzo la Meccanica Quantistica.

Immaginiamo a Terra un operatore con uno dei due elettroni entangled, visti prima, dentro un'opportuna macchina. L'altro elettrone in una analoga apparecchiatura sull'astronave.

Si potrebbe immaginare che i due operatori si siano messi d'accordo ed abbiano creato un alfabeto tipo quello Morse del telegrafo: due spin a destra = e, uno a sinistra = m, ecc. ecc.

Ed ecco che potrebbero passarsi qualsiasi informazione come i telegrafisti dell'Ottocento.

Purtroppo, proprio la Meccanica Quantistica, con la sua rigorosa matematica ed i suoi incredibili principi, ci informa che la cosa non è possibile e vediamo perché.

Ricordiamoci che i due elettroni, quello a terra e quello sull'astronave, fanno parte dello stesso sistema e se non sono guardati, leggi "perturbati", di ambedue non si conosce lo spin.

Ora, se l'operatore a terra guarda il suo elettrone ne individua immediatamente lo spin, ma anche sull'astronave l'elettrone assume lo spin complementare che però l'operatore sull'astronave non conosce, a meno che non glielo telefoni l'operatore a terra.

Se l'operatore sull'astronave interagisce col sistema per conoscere lo spin del suo elettrone, altera anche lo spin a terra e solo casualmente i due spin vengono nuovamente correlati ed i due operatori non sanno quando li hanno modificati perché gli operatori stessi non possono essere perfettamente sincronizzati.

In ultima analisi ciascun operatore opera con la propria apparecchiatura come se il proprio elettrone fosse isolato ed in modalità probabilistica come descritto dall'equazione d'onda e solo comunicando con un altro mezzo convenzionale può coordinarsi con il suo corrispondente, perdendo ogni possibilità di trasmettere istantaneamente informazioni.

La semplice conclusione è che la vera informazione ha viaggiato alla velocità della luce con le onde radio tra i due operatori.

Comunque, a conferma dell'esistenza del fenomeno dell'entanglement si sono fatti diversi esperimenti a terra presso vari laboratori ed anche a distanza.

Interessante è stata la verifica dell'entanglement nell'ambito di elettroni tra il CERN di Ginevra e il laboratorio INFN di Roma. In questo caso si è potuta verificare l'istantanea modifica dello spin di un elettrone a Roma a seguito della variazione dello spin a Ginevra … ma contemporaneamente gli scienziati erano interconnessi con mezzi tradizionali per passarsi le informazioni e seguire l'esperimento.

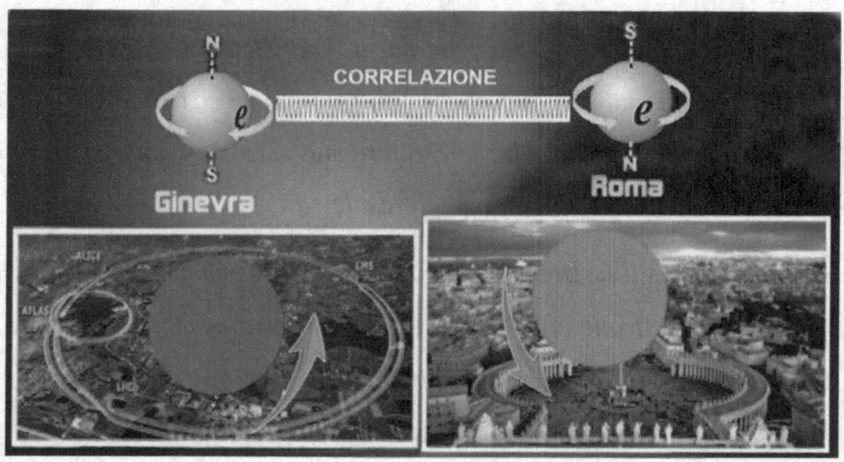

Possiamo così capire il punto di partenza della computazione quantistica che parte proprio dalla sua particolare unità di digitalizzazione: il qubit, il fantastico mattone dei computer quantistici.

Qubit: il fantasma quantistico

Il principio di sovrapposizione afferma come più stati quantistici possono essere sovrapposti (sommati) ed il nuovo stato quantistico risultante sia valido.

Inoltre, ogni singolo stato quantistico può validamente essere rappresentato dalla somma di due e fino ad infiniti altri stati quantistici distinti.

Questa arcana definizione per i matematici non è un mistero poiché il tutto si verifica non nel nostro "spazio" ma in un particolare spazio matematico vettoriale detto "spazio di Hilbert".

Loro, i matematici, direbbero meglio quella definizione affermando: "**Tutti i possibili stati fisici di un sistema quantistico formano uno spazio vettoriale lineare, appunto lo spazio di Hilbert**".

Il premio Nobel David Hilbert è uno dei più grandi matematici che a cavallo tra il secolo ventesimo ed il precedente introdusse un'estensione del noto spazio euclideo a tre dimensioni, quello che tutti noi studiamo nelle scuole, portandolo a molte dimensioni addirittura infinite.

Tralasciando l'argomento ai matematici, a noi qui interessa sapere che questo nuovo spazio risulta ideale per rappresentarvi i fenomeni quantistici esattamente come nello spazio tridimensionale euclideo riusciamo a rappresentare e calcolare le superfici di triangoli, il volume di sfere, ecc.

Vettori a più dimensioni, sovrapposizione di stati ed altri elementi utili ai calcoli diventano così esprimibili con funzioni che descrivono quei fenomeni e ne consentono calcoli predittivi.

Ecco che in questo strano spazio il nostro ectoplasma d'un qubit assume caratteristiche descrivibili matematicamente ed uno scienziato di nome Felix Bloch ha inventato una particolare rappresentazione grafica detta "ipersfera di Bloch", la cui spettrale immagine appare nella figura che segue.

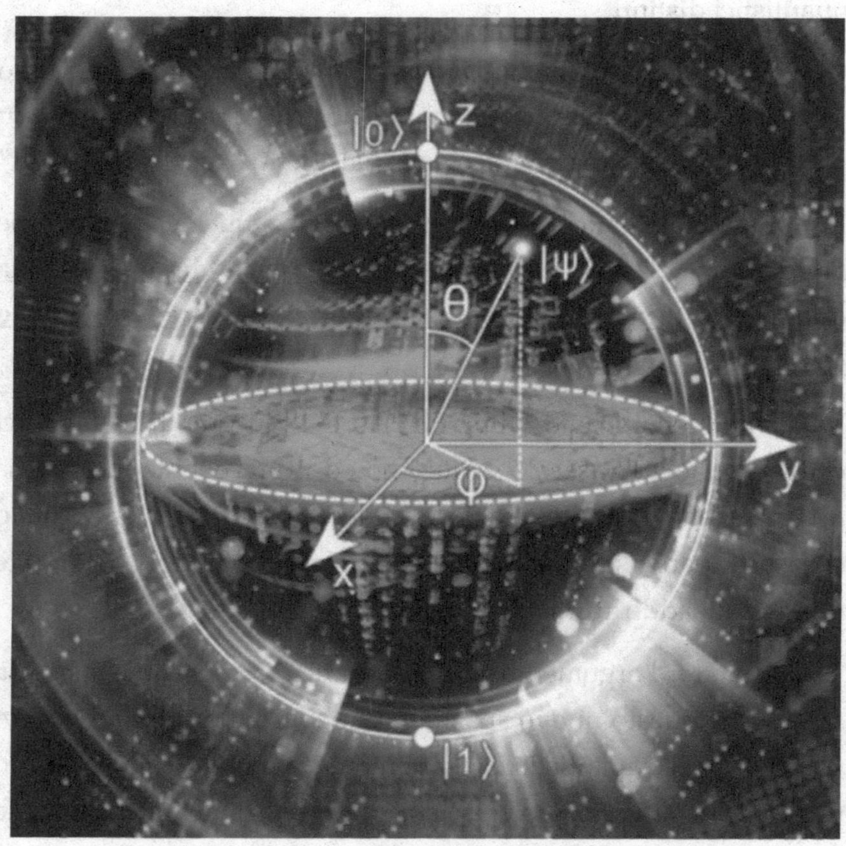

Rappresentazione di un qubit con la sfera di Felix Bloch

Nella meccanica quantistica, la sfera di Bloch è una rappresentazione geometrica dello spazio allo stato puro di un sistema a due livelli come un qubit.

Prende il nome dal fisico svizzero Felix Bloch, esperto di fisica quantistica che nel 1946 l'ha proposta.

Si tratta di una sfera con raggio unitario che fornisce la seguente interpretazione: i poli rappresentano bit classici e se ne utilizza la notazione | 0⟩ e | 1⟩ di Dirac per rappresentarli matematicamente.

I due poli corrispondono agli stati possibili per la rappresentazione di un bit classico, mentre, i bit quantici coprono l'intera sfera.

Si ha così visivamente quante più informazioni sono coinvolte nei bit quantici rispetto ai bit classici.

Per un singolo qubit la sfera si riduce ad un cerchio (2 dimensioni), per 2 qubit a 4 dimensioni, per 3 qubit a 8 dimensioni e così via, tenendo presente che per N qubit la sfera si trova in uno spazio ideale a 2 elevato alla N dimensioni (2^N).

In ogni caso il raggio, o meglio il "vettore raggio", rimane sempre unitario.

Rimandiamo alla fine di questo capitolo chi volesse approfondire questi concetti.

Il qubit prima di essere misurato si trova in stato di sovrapposizione in tutti i punti della sfera e quando viene misurato, collassa su uno dei due poli, uno o zero.

Su quale dei due poli collassi dipende da quale direzione punta la freccia nella rappresentazione di Bloch: se la freccia è più vicina al polo nord, vi è una maggiore probabilità che crolli verso quel polo e lo stesso per il polo sud.

Va osservato che ciò introduce la nozione di probabilità nella sfera di Bloch: l'angolo della freccia con gli assi verticali rappresenta la probabilità. Se la freccia è indirizzata verso l'equatore la probabilità che collassi ad uno dei due poli è pari al 50% per ambedue le possibilità.

Un qubit mentre è in stato quantistico di sovrapposizione può trovarsi in qualsiasi punto della superficie sferica mentre partecipa all'elaborazione di un programma e solo al termine collassa in un "uno" o "zero" fornendo il risultato all'esterno.

Fino a questo punto al lettore non sarà ancora chiaro il come sia così potente l'elaborazione realizzata dai qubit rispetto al bit classico.

Con un esempio concreto e senza utilizzare le complesse equazioni con cui si verifica questa reale superiorità, si capirà meglio.

Prendiamo in considerazione un sistema realizzato con porte logiche classiche e confrontiamolo con un analogo sistema a porte quantistiche.

Una porta logica classica non è altro che un interruttore che può assumere due posizioni aperto (zero) o chiuso (uno). Fisicamente è assimilabile ad un transistor ed oggi nel microchip di uno smartphone ce ne possono essere un miliardo di transistor che assumono ciascuno i due stati "1" o "0".

Quindi abbiamo 2 miliardi di stati possibili (2xN) e per l'elaborazione 2 miliardi di operazioni (2xN).

Se a quelle porte classiche sostituiamo porte quantistiche, gli stati possibili diventano 2 elevato alla potenza di N, nel nostro caso un 2 elevato ad un miliardo.

Avremmo cioè un numero di stati possibili superiore al numero di atomi presenti in tutto l'universo.

Non solo, per manipolare lo stato di tutti quei qubit sarebbe teoricamente sufficiente una sola operazione, mentre nel caso classico ne occorrerebbero milioni.

Detto questo, tranquilli, oggi siamo in grado di gestire, e con difficoltà, 50 qubit veri e prima di metterne insieme qualche miliardo, se mai ci si riuscirà, dovremo parlarne con i nostri pro-pro-pronipoti.

Comunque, già con soli 50 veri qubit ed utilizzando lo schema visto riusciamo a memorizzare un 2 elevato alla cinquantesima potenza di dati, cioè un milione di miliardi e gestirli con poche operazioni.

Questo è il motivo per cui le enormi possibilità di elaborazione dei gate quantistici che trattano i qubit interessano, a patto che li si faccia "lavorare" in un ambiente piuttosto freddino, molto vicino allo zero assoluto per fare in modo che quella sfera non svanisca come quando si tocca una bolla di sapone.

Gli ingegneri sono riusciti in questo intento e solo quando devono prelevare il dato toccano la sfera, ma a quel punto, prima che la sfera sparisca, fanno in modo che il dato venga trasferito e memorizzato.

La esemplificazione visualizzata del modo di operare del qubit viene in pratica studiata con complessi calcoli vettoriali i cui risultati poi gli ingegneri trasformano in realizzazione pratiche e … spesso funzionanti.

Se avete superato indenni quanto letto fino a questo punto, siete senz'altro pronti per approfondire quel dinosauro tecnologico che si chiama computer quantistico, prima però dobbiamo completare la conoscenza col nostro fantasma.

Come le particelle subatomiche hanno uno strano comportamento paragonabile ad un fantasma che scompare se si cerca di afferrarlo così il qubit è un intoccabile e si comporta come i fantasmi creati dalla penna di scrittori.

Sorge naturale la domanda sul perché mai scienziati ed ingegneri si siano dati così tanto da fare nel cercare di sfruttare questo sfuggente fantasma per farne il principe del calcolo veloce, qualcosa che il nostro semplice bit pareva compiere egregiamente da decenni.

In campo informatico con un fantasma del genere potremmo creare un computer infinitamente veloce ma, ed è un grande ma, per il momento siamo riusciti a sfruttarlo solo in una piccola parte.

Come accennato per imbrigliarlo e leggerlo occorrerebbe congelarlo alla temperatura dello zero assoluto, cioè -273,15 gradi centigradi, cosa impossibile.

Gli ingegneri del super freddo sono riusciti a raffreddare i qubit a qualche millesimo di grado sopra lo zero assoluto e sono riusciti a far lavorare i qubit in modalità quantistica per quelle frazioni di secondo, ma abbastanza per utilizzarne le strane proprietà per compiere le loro elaborazioni.

Bloccano quindi per tempi infinitesimi quel fantasma ed in quell'attimo ne tirano fuori le informazioni utili.

Questo spiega uno dei motivi della complessità per realizzare questi computer: giganteschi congelatori che raffreddano i microchip che contengono i qubit, chip grandi quanto l'unghia di una mano, ma che appena li si scaldi un po' perdono tutti i dati.

Inoltre questi qubit fantasma congelati non bisogna proprio disturbarli in qualsiasi altro modo altrimenti spariscono e quindi occorre evitare che una qualsiasi interferenza, una variazione termica, una vibrazione anche minima e via, tutto si perde, lo stato del qubit collassa.

Poderose reti di protezione e marchingegni molto complessi devono difenderlo dall'ambiente circostante. Questo è il Computer Quantistico! Un insieme di complessa elettronica estremamente permalosa e guai a toccarla!

Nella tecnica il fenomeno per cui una particella od un qubit si comporta come un fantasma che sparisce se lo si disturba si chiama "decoerenza". Questo termine indica che anche l'atto di verificare dove e come sta il nostro fantasma, perde immediatamente la sua coerenza e praticamente non sappiamo in che stato fosse.

L'indeterminazione prevista da Heisenberg ed il fatto che in realtà la particella è contemporaneamente in una miriade di stati (principio di sovrapposizione) è all'origine di questo strano comportamento.

Pertanto la realizzazione pratica di un computer quantistico differisce enormemente dai computer tradizionali realizzati secondo lo schema introdotto da John von Neumann nel 1946 e di questo va tenuto debito conto anche nello sviluppo dei programmi.

L' interferenza non potrà mai essere completamente eliminata, si può solo fare in modo che lasci il tempo al sistema di rilevare il dato dal qubit prima che collassi.

Inoltre, maggiore è il numero dei qubit, maggiore è la probabilità che le interferenze intervengano a rovinare l'elaborazione in atto e questo limita il numero dei qubit utilizzabili.

Anche se, come abbiamo visto, l'aggiunta di qubit aumenta le capacità di elaborazione esponenzialmente, per ora siamo lontani dal raggiungere i 100 qubit con tecnologia di porte logiche.

Uno dei modi utilizzati per leggere i dati da un qubit prima che collassi e li perda consiste nel fare in modo che trasmetta il suo dato istantaneamente ad un altro qubit attraverso un processo di entanglement per continuare l'elaborazione.

Approfondimento matematico del qubit

Questa parte si rivolge al lettore che con un minimo di conoscenza matematica desideri approfondire l'operatività dei qubit e non è indispensabile per la lettura dei capitoli che seguono.

Nel capitolo precedente abbiamo visto la ipersfera di Bloch, una immagine ideale in grado di rappresentare con vettori unitari gli stati in sovrapposizione di N qubit.

Vediamo di estendere quanto visto con una serie di passaggi che precisano i fondamenti con cui opera il qubit, l'elemento che sostanzialmente realizza l'informatica quantistica così come il bit è il mattone fondamentale dell'informatica da Turing ad oggi.

Mentre la porta logica con i suoi due semplici stati permanenti di "zero" ed "uno" si può spiegare in modo estremamente semplice rappresentandolo come un interruttore chiuso o aperto, il qubit esprime tutto il suo nuovo potenziale poiché, pur alla fine dovendo sempre finire col diventare "zero" o "uno", prima di collassare in uno di quei due valori è in grado di rappresentare un immensa quantità di "zero" ed "uno" sovrapposti.

Ed è su questo punto che si concentrano gli sforzi degli ingegneri nel creare porte logiche quantistiche in grado di mantenere il loro stato di sovrapposizione per un tempo sufficiente per consentire di effettuare delle elaborazioni praticamente utilizzabili.

Nel seguito di questo capitolo ci limiteremo a studiare la parte teorica che spiega il motivo per cui i qubit sono così potenti, mentre i capitoli che seguono descriveranno la tecnologia che rende possibile tutto quello che stiamo trattando.

Cominciamo con il ricordare che nei computer classici il bit dispone di due stati, "1" e "0", con stringhe dei quali il computer elabora dei programmi seguendo dei passi, le istruzioni, che il programma trasferisce al computer. Al termine dell'elaborazione il computer fornisce all'esterno il risultato dell'elaborazione.

In che cosa differisce in questo il computer quantistico? Per quanto riguarda i dati di ingresso e di uscita assolutamente nulla: entrano stringhe di "0" ed "1" ed escono stringhe di "0" ed "1".

Solo che in mezzo il computer classico opera passo dopo passo ed usa un passaggio logico per commutare ognuno dei bit come in questo esempio di 8 bit dove l'elaborazione ha cambiato il primo bit da "0" ad "1":

01001010

con un passo del programma diventa

11001010

Anche il qubit può trovarsi nello stato "zero" o "uno" ed anche per il computer quantistico l'esecuzione di un programma avviene gestendo stringhe di "0" ed "1".

La grande differenza tra le due forme di computer è che il computer quantistico, quando elabora le stringhe, opera nello stato quantistico di sovrapposizione e dispone di un infinito numero di "0" ed "1" su cui opera in parallelo, mentre nel computer classico opera in sequenza.

Più precisamente, un qubit in stato di sovrapposizione ha una certa probabilità di essere "1" o "0". Lo stato di sovrapposizione può infatti considerarsi come una specie di sospensione per il qubit.

Dallo stato di sospensione il qubit collassa nel momento che lo si misura ed assume definitivamente uno dei due valori "1" o "0".

Se i qubit sono due gli stati fondamentali che possono assumere diventano quattro e si rappresentano in questo modo con la scrittura vettoriale di Dirac vista in precedenza:

I 4 stati fondamentali di 2 qubit

Come si vede la rappresentazione degli stati fondamentali dei 2 qubit non differisce da quella di una coppia di bit classici.

Però, quando vengono utilizzati per le elaborazioni nei computer quantistici si trovano in sovrapposizione quantistica, cioè in una specie di stato sospeso in infinite combinazioni di "1" e "0" e ciascuna combinazione con la sua probabilità.

Solo alla fine, quando si prelevano i dati, i qubit collassano, con quella probabilità negli stati fondamentali "1" e "0".

Per comprendere bene questo importante punto consideriamo un qubit che si trova nel seguente stato sospeso:

Uno dei due stati fondamentali del qubit

La porta logica in sovrapposizione che esprime questo qubit in una prima interazione ha il 50% di probabilità di collassare nello stato fondamentale "1" ed il 50% di collassare nello stato fondamentale "0".

Così vuole la meccanica quantistica e con il simbolismo che segue si esprime matematicamente questo concetto probabilistico che più oltre visualizzeremo utilizzando la iperfera di Bloch:

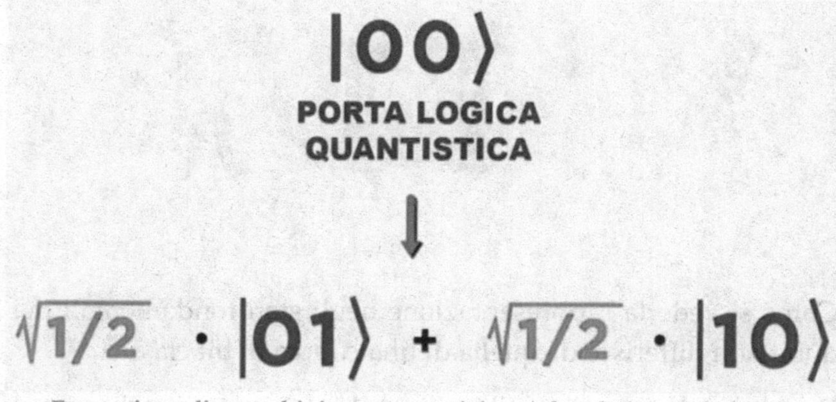

Espressione di un qubit in sovrapposizione e le relative probabilità

Quindi, senza andarlo a vedere, l'unico fatto a noi noto del qubit in sovrapposizione è la sua probabilità di ciò che ci mostrerebbe se lo misurassimo.

Quindi in un primo passaggio il qubit sospeso è esprimibile matematicamente come dai valori incorniciati nella figura che segue.

$$|00\rangle$$

PORTA LOGICA QUANTISTICA

↓

$$\sqrt{1/2} \cdot |01\rangle + \sqrt{1/2} \cdot |10\rangle$$

Prima iterazione in cui il qubit presenta questa situazione probabilistica

Se, sempre in stato di sovrapposizione, compiamo un ulteriore passaggio della porta logica che esprime il qubit otteniamo una seconda espressione probabilistica del nostro qubit:

$$|00\rangle$$

↓ PORTA LOGICA QUANTISTICA

$$\sqrt{1/2} \cdot |01\rangle + \sqrt{1/2} \cdot |10\rangle$$

↓ PORTA LOGICA QUANTISTICA

$$\sqrt{1/2} \cdot |01\rangle + \sqrt{1/6} \cdot |10\rangle + \sqrt{1/3} \cdot |11\rangle$$

Questo è la nuova situazione elaborata ed al termine di questa elaborazione possiamo, se lo vogliamo, estrarre il risultato di questa breve elaborazione.

La domanda che ci poniamo è quale risultato ci mostrerà il collassamento del qubit? Non possiamo saperlo, ma conosciamo l'esatta probabilità con cui ci può presentare uno dei tre risultati possibili.

$$|00\rangle$$

$$\sqrt{1/2} \cdot |01\rangle + \sqrt{1/2} \cdot |10\rangle$$

$$\sqrt{1/2} \cdot |01\rangle + \sqrt{1/6} \cdot |10\rangle + \sqrt{1/3} \cdot |11\rangle$$

OSSERVAZIONE FINALE

$$|01\rangle \; |10\rangle \; |11\rangle$$

Infatti quando estraiamo il risultato avviene il collasso verso uno degli stati fondamentali perché l'equazione d'onda che lo descrive (equazione d'onda di Shrodinger) collassa e lo stato fondametale che ci viene fornito può essere uno qualsiasi delle 3 combinazioni di "0" ed "1" determinati solo probabilisticamente, ad esempio |01>.

Se però ripetiamo più volte questa elaborazione la teoria del calcolo probabilistico ci dice che troveremo:

|01> approssimativamente il 50% delle volte

|10> approssimativamente 33% delle volte

|11> approssimativamente 33% delle volte.

Se ripetiamo l'operazione moltissime volte ci avvicineremo sempre più esattamente a:

|01> esattamente a 50% delle volte

|10> esattamente a 33% delle volte

|11> esattamente a 33% delle volte.

Conoscendo la probabilità di ottenere un certo risultato siamo pertanto in grado di ottenere quel risultato a patto che si ripeta l'elaborazione un numero di volte sufficiente.

Ecco che così il risultato medio del collasso quantistico si avvicinerà sempre più ai valori fondamentali dei qubit, valori dati dalle percentuali probabilistiche ed è questo che fanno i computer quantistici.

Sfioriamo ora il calcolo vettoriale che gli ingegneri utilizzano in questo campo, limitandoci a pochi casi particolari.

Il vettore che si studia a scuola si rappresenta con una freccia di una certa lunghezza e con una certa direzione in uno spazio piano od a tre dimensioni.

Nello spazio vettoriale dei qubit allo spazio a 2 o 3 dimensioni si aggiungono vettori in spazi ad N dimensioni (ricordare la ipersfera di Bloch) e quindi è più agevole un altro metodo di rappresentazione mediante matrici di numeri reali e complessi.

In ogni caso la probabilità che esprimono è sempre un valore assoluto, quindi non dobbiamo preoccuparci se il risultato ci fornisce un numero negativo o un numero complesso.

Partendo dal più semplice qubit singolo, la rappresentazione dei suoi due stati fondamentali si indica in questo modo:

$$|0\rangle \rightarrow \begin{bmatrix} 1 \\ 0 \end{bmatrix}$$

$$|1\rangle \rightarrow \begin{bmatrix} 0 \\ 1 \end{bmatrix}$$

e se vogliamo rappresentarle anche le probabilità dei suoi due stati fondamentali k'espressione diventa come segue:

$$|0\rangle \rightarrow \begin{bmatrix} 1 \\ 0 \end{bmatrix}$$

$$|1\rangle \rightarrow \begin{bmatrix} 0 \\ 1 \end{bmatrix}$$

$$\sqrt{1/3} \cdot |0\rangle + \sqrt{2/3} \cdot |1\rangle \rightarrow \begin{bmatrix} \sqrt{1/3} \\ \sqrt{2/3} \end{bmatrix}$$

Rappresentazione vettoriale di un qubit in sovrapposizione quantistica

L'equivalente rappresentazione nell'ipersfera di Bloch per un singolo qubit si riduce ad un vettore in un cerchio su superficie piana. Nel cerchio che segue sono indicate i due componenti, verticale ed orizzontale del qubit.

La componente orizzontale è la radice quadrata della probabilità che il qubit sia "0", mentre la componente verticale è la radice quadrata della probabilità che il qubit sia "1".

Ingrandendo le porzioni del cerchio che ci interessano otteniamo:

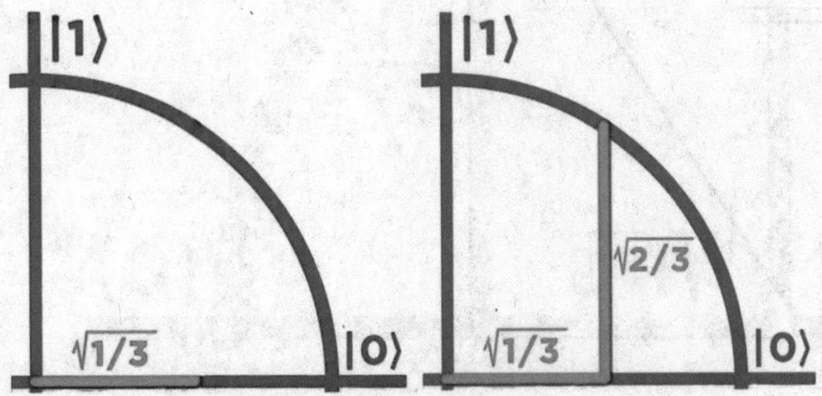

Le componenti del vettore qubit con le relative probabilità

A questo punto possiamo disegnare sul cerchio di Bloch il vettore che rappresenta uno degli stati fondamentali del qubit come effetto del primo passo visto sopra: è un vettore unitario la cui lunghezza è la radice quadrata della somma dei quadrati dei cateti (teorema di Pitagora).

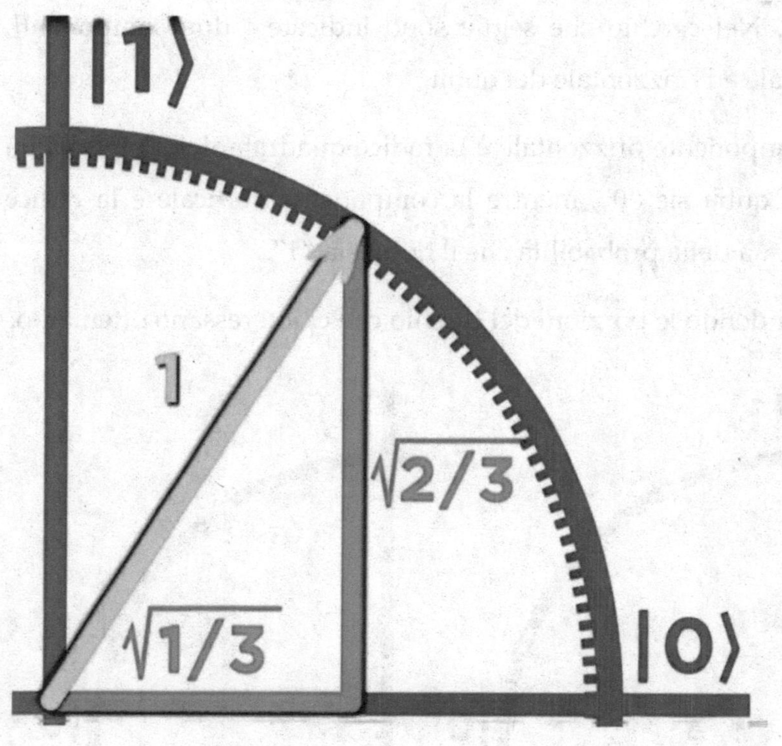

Se rappresentiamo per confronto sullo stesso cerchio il bit classic le probabilità non entrano in gioco e poretebbe assumere solo la posizione del vettore unitario verticale oppure il vettore unitario orizzontale e nessuna posizione intermedia. Vedi figura che segue.

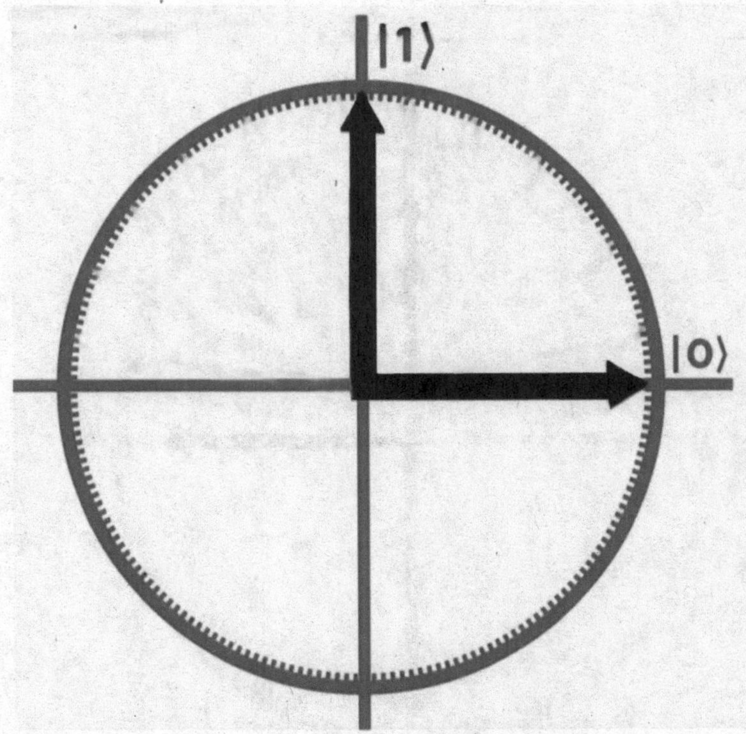

Bit classico nell'iperspazio di Bloch

Quindi, mentre il qubit classico ha stabilmente le sole posizioni "0" e "1" e non ha situazioni probabilistiche di alcun genere, il qubit, nel suo stato di sovrapposizione, può trovarsi in qualsiasi punto del cerchio e collassare in un punto solo in base alla probabilità associata.

Il qubit collassano può venirsi a trovare in qualsiasi punto del cerchio

Passiamo ora al caso dei 2 qubit che per essere rappresentati matematicamente richiedono 4 vettori che nel loro stato fondamentale sono:

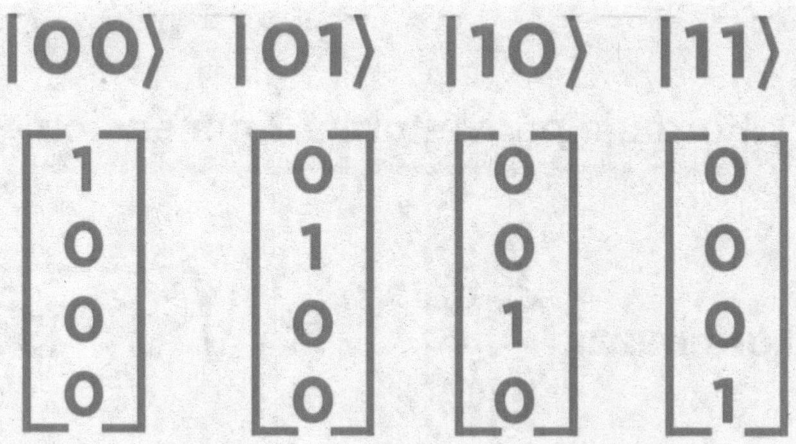

SE vogliamo esprimere in forma vettoriale il passaggio di calcolo visto prima otteniamo una situazione come segue:

La formula per la lunghezza di un vettore a due dimensioni si esprime in questo modo:

Formula per vettore a 2 dimensioni

$$\text{LUNGHEZZA}\left(\begin{bmatrix} a \\ b \end{bmatrix}\right) = \sqrt{a^2+b^2}$$

lunghezza che nel caso di vettore a quattro dimensioni diventa:

Formula per vettore a 4 dimensioni

$$\text{LUNGHEZZA}\left(\begin{bmatrix} a \\ b \\ c \\ d \end{bmatrix}\right) = \sqrt{a^2+b^2+c^2+d^2}$$

Riassumendo tutti i vettori hanno lunghezza unitaria e mentre il vettore a due dimensioni ruota in un cerchio su superficie piana, il vettore a quattro dimensioni ruota in un'ipersfera a quattro dimensioni.

Generalizzando ad N qubit gli stati fondamentali diventano 2^N stati fondamentali e quindi lo stato quantico viene rappresentato da un vettore in una ipersfera in uno spazio con 2^N dimensioni.

1Il vettore di N qubit si muove su una sfera in uno spazio di N dimensioni

Quindi nella raffigurazione vettoriale dell'ipersfera di Bloch un sistema di N qubit si muove sulla superficie dell'ipersfera ad N dimensioni e ad ogni posizione (punto nella figura che segue) corrisponde un particolare stato fondamentale verso cui il sistema può collassare determinato da una specifica probabilità che può essere calcolata con l'equazione d'onda di Schrödinger.

Il punto indica la posizione sulla sfera di Bloch del vettore che rappresenta il sistema

Ritornando al nostro esempio con i quattro qubit, l'equivalente rappresentazione matematica con le relative probabilità può essere espressa mediante una matrice unitaria:

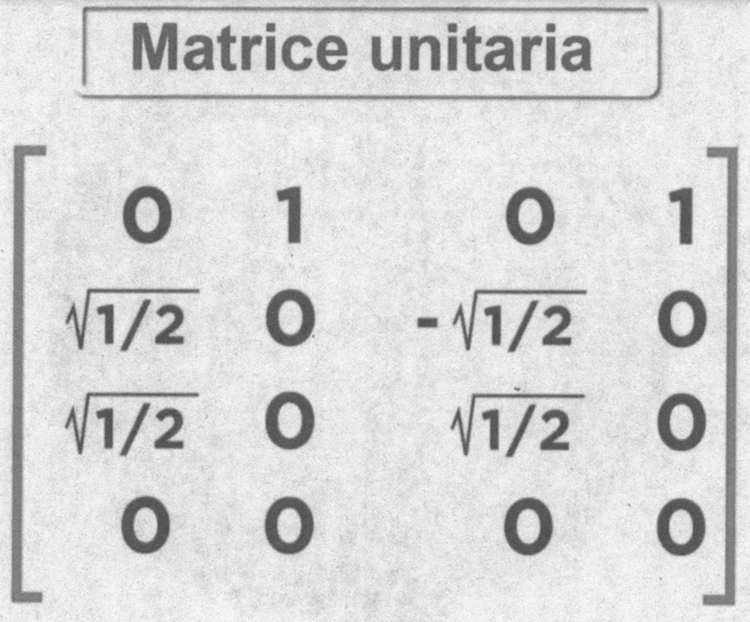

Questa matrice unitaria è unica per ogni porta logica ed è un insieme di numeri che descrivono come i vettori si muovono sulla ipersfera e questa matrice può essere moltiplicata con un vettore di stato il cui risultato è una matrice che rappresenta il nuovo vettore risultante dall'operazione.

Matrice unitaria

$$\begin{bmatrix} 0 & 1 & 0 & 1 \\ \sqrt{1/2} & 0 & -\sqrt{1/2} & 0 \\ \sqrt{1/2} & 0 & \sqrt{1/2} & 0 \\ 0 & 0 & 0 & 0 \end{bmatrix} \cdot \begin{bmatrix} 1 \\ 0 \\ 0 \\ 0 \end{bmatrix} = \begin{bmatrix} 0 \\ \sqrt{1/2} \\ \sqrt{1/2} \\ 0 \end{bmatrix}$$

Porta logica quantistica

Secondo stato

Se moltiplichiamo lo stato della porta logica per un vettore di stato diverso otteniamo come risultato un diverso vettore come segue:

$$\begin{bmatrix} 0 & 1 & 0 & 0 \\ \sqrt{1/2} & 0 & -\sqrt{1/2} & 0 \\ \sqrt{1/2} & 0 & \sqrt{1/2} & 0 \\ 0 & 0 & 0 & 1 \end{bmatrix} \cdot \begin{bmatrix} 0 \\ 0 \\ 1 \\ 0 \end{bmatrix} = \begin{bmatrix} 0 \\ -\sqrt{1/2} \\ \sqrt{1/2} \\ 0 \end{bmatrix}$$

In questo caso otteniamo un vettore dello stato quantistico che contiene numeri negativi.

Non è un problema perché la probabilità di collassare in "1" o "0" richiede di prendere i valori assoluti. Questi numeri possono essere anche numeri complessi ed infatti il numero di stati che possono assumere N qubit si rappresenta con una sfera in uno spazio a 2^N numeri complessi di dimensioni che sono il doppio delle dimensioni con numeri reali.

Per capire quanto un computer quantistico può fare consideriamo un sistema a 6 qubit e quindi la corrispondente ipersfera a 64 dimensioni.
Siamo in una ipersfera a 64 dimensioni:

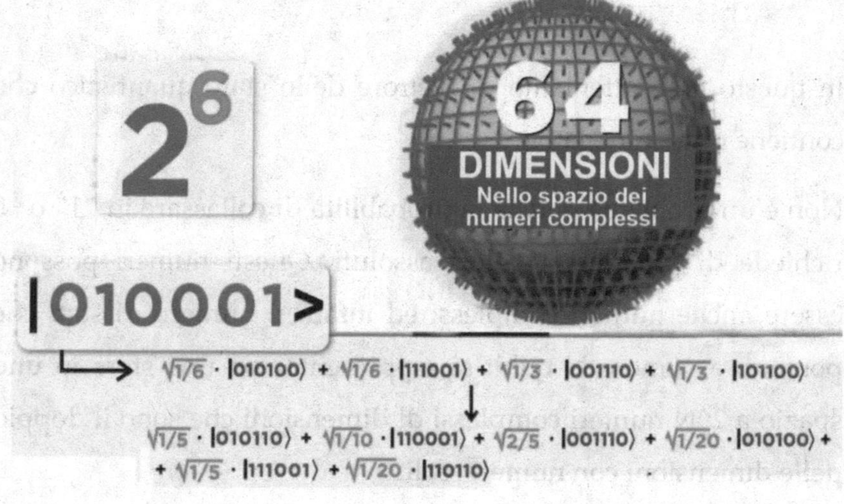

Il computer quantistico elabora questa struttura di qubit in soli 4 passaggi per calcolare e fornire all'esterno il suo risultato. cioè utilizza il parallelismo che lo stato di sovrapposizione consente.

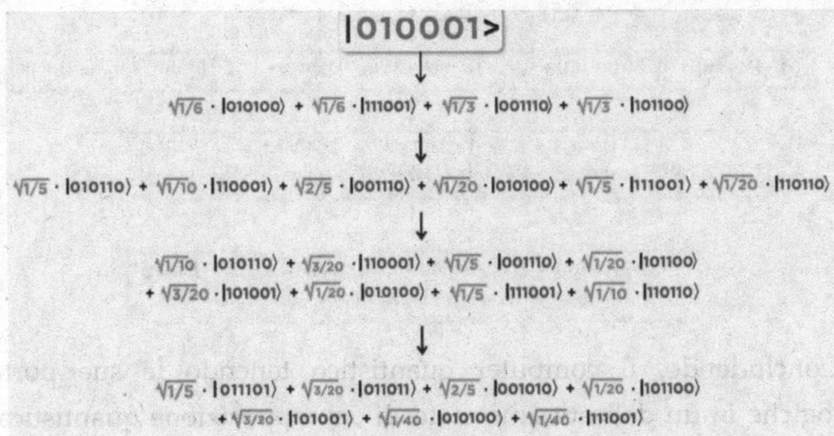

Un computer classico per ottenere lo stesso risultato dovrebbe compiere migliaia di passaggi poiché può essere solo in un particolare stato ad ogni passaggio.

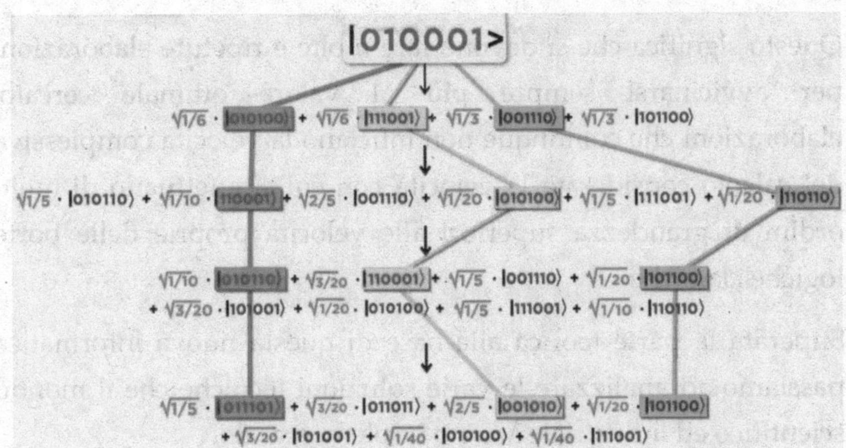

Quindi, alle migliaia di passaggi del mondo classico il calcolo quantistico, con i suoi 6 qubit in stato di sovrapposizione e 4 soli passaggi, alla fine collassa fornendo lo stesso risultato in tempi anche di vari ordini di grandezza inferiori.

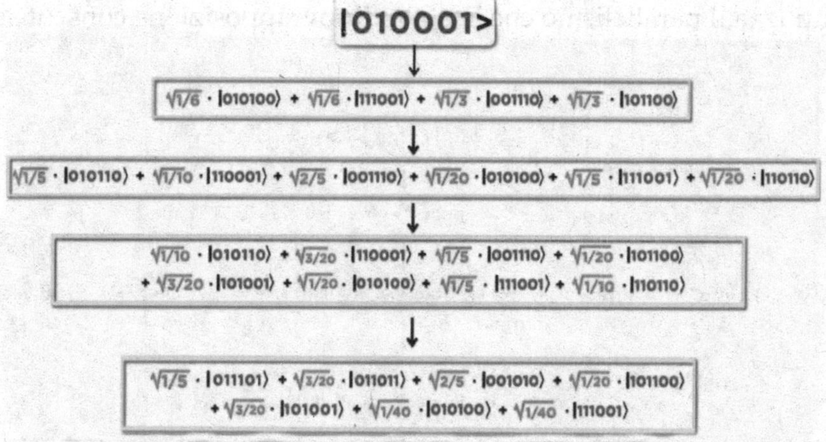

Concludendo, il computer quantistico tenendo le sue porte logiche in un delicatissimo stato di sovrapposizione quantistica, elabora i dati che gli provengono dal programma in una modalità completamente nuova ed alla fine, come nei computer classici, fornisce la sua soluzione con una stringa di uni e zeri ottenuti probabilisticamente.

Questo significa che si devono fare molte e ripetute elaborazioni per avvicinarsi sempre più al valore ottimale cercato, elaborazioni che comunque non inficiano la velocità complessiva del calcolo considerata la velocità con cui si effettuano di molti ordini di grandezza superiori alle velocità proprie delle porte logiche classiche.

Superata la parte teorica alla base di questa nuova informatica passiamo ad analizzare le varie soluzioni tecniche che il mondo scientifico ed industriale stanno implementando.

Albero tecnologie computer quantistico

COMPUTER QUANTISTICO: SINTESI DELLE ATTIVITA' IN CORSO

(Dalla documentazione tecnica Fujitsu)

Quantum Computing Technology

Ising Machine System
Map a problem to a mathematical model of interacting magnets, then search for solutions
Specialized for **combinatorial optimization problems**

Quantum Gate System
Computation using quantum gates and quantum bits that can be in a superposition of 0 and 1 states

Annealing

Laser Network System

Quantum Annealing

Digital Circuit

Optical Parametric Oscillation

Superconducting Circuit

Fujitsu Digital Annealer

Hitachi, Ltd. CMOS Annealing Machine

National Institute of Informatics, NTT and others
Japan Cabinet Office ImPACT "Quantum Neural Network"

NEC

D-Wave systems D-Wave 2000Q

IBM IBM Q

Google

Microsoft

Intel

Stable operation at room temperature
Available in traditional rack / server room

Non-Quantum Architecture ⬅ ➡ Quantum Architecture

Requires cryogenic environment, but still technically unstable
Large cooling device required

Computer quantistico a porte logiche (gate based)

Sono la trasposizione diretta del comportamento del modello delle porte classiche ai computer quantistici con tutte le problematiche che questo comporta soprattutto per le interferenze.

Infatti, in questo caso, pur non essendo in teoria molto diverso il programmare un computer quantistico rispetto a quello classico, la fisica quantistica con cui operano i qubit rispetto ai bit classici richiede le attenzioni particolari che abbiamo conosciuto nei capitoli precedenti.

Anche in questo caso i dati vengono memorizzati in registri governati da comandi in sequenza temporale a livello macchina.

Questi comandi sono funzioni primitive della logica binaria; in un computer classico si trovano a livello macchina ma non vengono più programmati direttamente ma lo fanno i compilatori.

In un computer quantistico basato su porte logiche è attualmente necessario operare a livello macchina ed i dati vengono memorizzati in qubit che, diversamente dai computer classici, richiedono potenti comandi che i computer classici non richiedono.

I compilatori stanno solo ora nascendo, ma sono ancora molto limitati ed una azienda che sta concentrando i suoi sforzi in quest'area è la Microsoft.

Un esempio per il computer quantistico a porte logiche è lo scrivere tutti i possibili valori in un registro simultaneamente o il correlare due qubit (entanglement) ed inoltre prelevare i dati dai qubit senza modificarne il contenuto per evitarne il collasso quantistico.

Per programmare questo tipo di computer quantistico occorrono quindi strumenti in grado di sfruttare queste potenti possibilità quantistiche nel modo corretto.

L'esecuzione di questi programmi in una sequenza di comandi, dette anche "sequenze gate", richiede di mantenere in vita le informazioni quantistiche per un tempo sufficiente prima che collassino, cosa molto difficile e che comunque si tratta di frazioni piccolissime di secondi.

Se i qubit interagiscono con l'ambiente tendono a perdere le loro proprietà quantistiche e non è mai possibile isolarli al cento per cento, per cui in questo computer quantistico occorre tener presente la quantità inevitabile di errori in funzione del numero di qubit, errori che crescono esponenzialmente al crescere del numero di qubit.

Questo comporta che la quantità di dati che il computer classico esterno che controlla il computer quantistico deve archiviare, cresce esponenzialmente al crescere dei qubit.

Ad esempio, con 50 qubit non si potrebbe memorizzare lo stato quantistico di tutti i qubit anche disponendo della memoria dei più grandi supercomputer oggi esistenti e questo fatto pone problemi tecnologici ancora da risolvere.

Attualmente esistono diverse configurazioni di computer a porte logiche e se ne riassumono qui di seguito le principali.

Computer quantistici con errori completamente corretti

E' la versione che realizza un vero e perfetto computer quantistico basato su porte logiche e che richiede una completa implementazione della correzione degli inarrestabili errori quantistici dovuti ai qubit che per loro natura sono soggetti alle interferenze.

Solo così il computer si comporterebbe in modo affidabile per qualsiasi calcolo e non richiederebbe salti mortali d'ingegneria informatica nello sviluppo dei programmi.

Si tratta quindi di una direzione molto ambiziosa che per disporre di un numero sufficiente di qubit corretti completamente richiede grandi sforzi ed investimenti di ricerca di base e di nuove ingegnerie costruttive.

Attualmente il più potente esempio di computer di questo tipo con 53 qubit è stato annunciato da Google su Nature del 23 ottobre 2019 (https://go.nature.com/2rfkJar).

Il cuore della sua realizzazione è un chip denominato Sycomore, attualmente il più complesso mai realizzato e descritto nll'articolo menzionato.

Chip Sycomore, il processore di 54 qubit realizzato da Google. Si vedono i sottilissimi collegamenti a 4 aree del computer quantistico

Computer NISQ (Noisy Intermediate Scale Quantum).

E' una configurazione che impiega un particolare algoritmo che agisce sulle porte logiche fisiche intervenendo sulle interferenze e quindi si parla di dispositivi a tolleranza d'errore.

Le interferenze sono presenti esattamente come per i modelli base e quindi la qualità delle macchine misurate dai tassi di errore e dai tempi di coerenza dei qubit ne limita anche in questo caso la complessità e quindi la dimensione dei problemi.

I computer quantistici per loro natura sono dispositivi a tolleranza d'errore per necessità della tipologia quantistica in cui operano. Per correggere questi errori occorre creare porte logiche ridondanti, ma questo è molto costoso in termini di risorse di calcolo: le porte ridondanti, infatti, non intervengono nelle elaborazioni ma proteggono altre porte logiche ed aumentano esponenzialmente il "costo" logico del computer.

Ad esempio, la memorizzazione dei dati dei qubit provenienti da programmi eseguiti su dispositivi di dimensioni superiori a 50 qubit diventano rapidamente enormi e superano le capacità disponibili di archiviazione.

Si pensa pertanto di superare il problema eseguendo su computer NISQ la prima elaborazione quantistica, anche se imperfetta, per ottenere un risultato comunque inarrivabile per computer classici, risultato altamente astratto e forse non utile per una applicazione pratica, ma sufficiente per delle valutazioni di principio.

Con i NISQ siamo in grado di sapere quello che un computer quantistico può elaborare, elaborazione impossibile per i computer classici, ma saremo a conoscenza degli algoritmi che in futuro macchine più potenti in arrivo utilizzeranno praticamente..

Quindi quali applicazioni potrebbero avere i dispositivi nell'era NISQ? E come progetteremo il software quantistico per implementarli?

Siamo all'inizio di questa tecnologia e per sfruttare la tecnologia NISQ si stanno sviluppando tecniche diverse rispetto a quelle utilizzate per il calcolo quantistico a tolleranza d'errore.

Sviluppi in corso

Molte sono le barriere tecnologiche l'industria deve superare per rendere l'informatica quantistica argomento disponibile a molte aziende.

Vanno migliorati i controlli di qualità della componentistica, l'ingegneria dei dispositivi e l'utilizzo delle conoscenze fondamentali di discipline scientifiche quali la fisica-matematica, la chimica e la scienza dei materiali.

Come per tutte le ricerche scientifiche di base, le scoperte in questo campo contribuiranno all'acquisizione di nuove conoscenze e nuove applicazioni.

Il successo del calcolo quantistico richiede un controllo senza precedenti della coerenza quantistica minacciata dalle interferenze e costringerà i tecnici a perfezionare le tecniche esistenti ed a svilupparne di nuove.

I progressi che si dovranno ottenere permetteranno di ottimizzare la comunicazione quantistica e sfruttare meglio il potere dell'entanglement quantistico.

Questi grandi e necessari progressi si riverseranno su applicazioni non prevedibili a breve termine, ma sicuramente apriranno nuove strade all'informatica.

Siamo all'inizio per quanto riguarda gli algoritmi quantistici per applicazioni industriali e di ricerca che, comunque, già anche molte startup hanno iniziato ad affrontare.

L'informatica quantistica ha il potenziale teorico di risolvere alcuni problemi che nessun computer classico potrebbe realisticamente risolvere.

Questo "vantaggio quantistico", che potrebbe manifestarsi come un'innovazione dirompente anziché incrementale rende estremamente interessante il calcolo quantistico e ne motiva anche l'interesse commerciale.

Computer quantistici adiabatici

Un tale sistema opera attraverso una particolare manipolazione dei qubit, che matematicamente si definisce come "modifica dei valori analogici dell'Hamiltoniano del sistema" e che consente di evitare l'uso di porte logiche come nei modelli visti nel capitolo precedente.

Il calcolo viene effettuato preparando una serie di qubit in un certo stato iniziale e modificando lentamente la loro energia fino a quando lo stato finale dei qubit corrisponde, con un'alta probabilità, alla risposta del problema.

Sebbene non basato su porte logiche il sistema ha la stessa potenza di elaborazione teorica di un computer quantistico basato su porte logiche, ma non provvede alla correzione completa degli errori.

Opera attraverso passaggi basati su un insieme coerente di qubit e quindi l'elaborazione dei dati si completano in pochi passaggi, ma sufficienti per evitare che la decoerenza dei qubit non annulli i risultati.

I tassi di probabilità di errori vengono ridotti in modo così significativo che il computer risulta affidabile per molti calcoli.

Con questo tipo di soluzione si possono progettare computer con migliaia di questi qubit corretti.

Ci sono due tecnologie per il calcolo quantistico di questo tipo una utilizza ioni intrappolati e l'altra qubit superconduttori, quest'ultima inaugurata dalla canadese D-Ware come vedremo in seguito.

I sistemi ad ioni intrappolati usano due stati interni di un atomo come elemento quantistico fondamentale. Ciascuno degli atomi viene privato di un elettrone esterno, lasciandoli caricati positivamente in modo che le loro posizioni possano essere controllate con campi elettrici in dispositivi chiamati "trappole ioniche".

Sia gli ioni che le trappole sono contenuti in camere a vuoto ultralto per ridurre al minimo l'interazione con l'ambiente e i laser vengono utilizzati per raffreddare il movimento degli ioni fino a temperature molto basse (0,1-1 mK).

Sebbene le trappole ioniche funzionino tipicamente a temperatura ambiente, possono anche essere raffreddate a temperature criogeniche (4-10 K) per migliorare l'ambiente del vuoto e ridurre l'impatto del rumore elettrico intrinseco sul movimento dell'ione.

Lo stato di ogni ione può essere modificato utilizzando impulsi laser o radiazioni a microonde controllati con precisione.

Questi impulsi possono essere organizzati per accoppiare gli stati di due o più ioni per creare un effetto "entanglement" tra gli ioni stessi.

L'altro sistema (D-Ware) utilizza un approccio che sfruttando le proprietà uniche dei materiali superconduttori permette di creare circuiti definibili litograficamente: in altre parole le tecnologie dei semiconduttori sono adatte per produrre questi chip.

Va osservato come nel campo degli algoritmi utilizzati in questi computer è fondamentale che il numero di passaggi necessari per risolvere un problema sia indipendente dal come è realizzato l'hardware del computer e non cambia il tempo totale per la soluzione al cambiare dell'hardware.

Questo implica che per risolvere più rapidamente un problema computazionale, si può

(1) ridurre il tempo necessario per implementare un singolo passaggio,

(2) eseguire molti passaggi in parallelo

(3) ridurre il numero totale di passaggi per il completamento tramite la progettazione di un algoritmo intelligente.

D-Ware ed il "Quantum Annealing"

Questo genere di computer hanno trovato impieghi pratici per primi a partire dal 2007 grazie alla canadese D-Wave Systems che con il suo Orion, un computer quantistico adiabatico, funzionava con 16 qubit.

Da quella data la D-Wave è riuscita ad immettere sul mercato computer con migliaia di qubit che permettono di risolvere molti problemi pratici meglio dei computer classici.

Deve essere subito specificato che D-Wave non utilizza quello che nella tecnica quantistica si definisce il "qubit puro" o a "porta logica" (gate based), ma un approccio detto "**Quantum Annealing**" (in italiano "ricottura quantistica"), un caso particolare della tecnologia adiabatica che comporta alcune fondamentali limitazioni.

Il quantum annealing o ricottura quantistica (in sigla QA) in matematica è un metodo generale per trovare il minimo globale di una data funzione su un insieme di soluzioni candidate (lo spazio di ricerca), mediante un processo analogo alle fluttuazioni quantistiche.

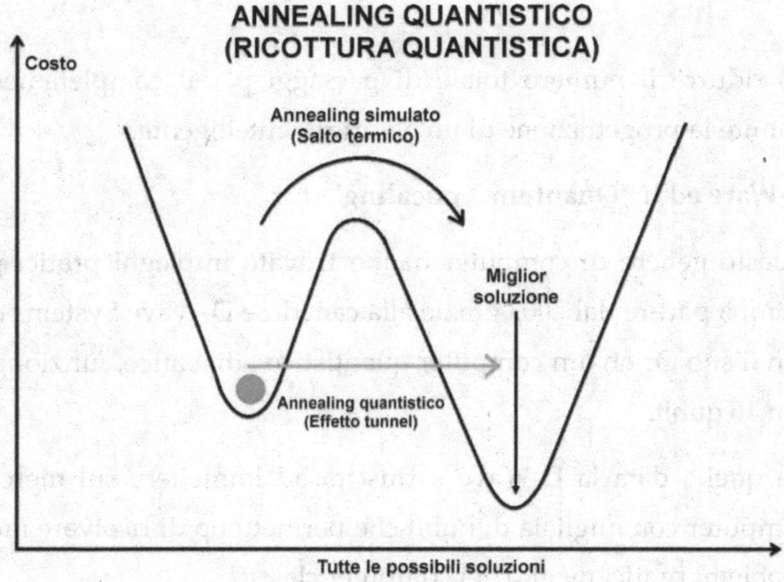

Il metodo è usato principalmente nei casi in cui lo spazio di ricerca è discreto (problemi di ottimizzazione combinatoria) e si è in presenza di molti minimi locali.

In questi sistemi si manipolano direttamente le interazioni tra i qubit senza suddividere queste azioni in operazioni sulle singole porte logiche come nel linguaggio macchina dei computer classici e nei computer quantistici a porte logiche visti nel capitolo precedente.

Si evita così il problema delle interferenze che provocano il collasso dei qubit, ma si perde buona parte delle capacità dei computer quantistici a porte logiche a pari numero di qubit.

In pratica è una tecnologia ideale per le applicazioni in cui si cercano le migliori soluzioni tra le molte possibili scegliendo quella a più elevata probabilità di essere la migliore, ma senza la certezza che non ve ne siano altre migliori e questo in applicazioni di ottimizzazione è largamente sufficiente.

Per ottenere questo risultato il computer ripete il processo di calcolo più volte, raffreddando progressivamente verso lo zero assoluto in modo da ricavare i vari minimi fino a che, ulteriori iterazioni, non modificano l'ultimo minimo in modo sensibile e che viene così scelto come la soluzione.

Questo approccio di calcolo quantistico si basa sull'utilizzo dell'ottimizzazione binaria quadratica non vincolata (QUBO = Quadratic Unconstrained Binary Optimization).

E' una metodologia ideale per molte applicazioni che cercano di ottimizzare processi molto complessi come la pianificazione delle compagnie aeree, la modellazione elettorale, la simulazione di chimica quantistica, la progettazione automobilistica, l'assistenza sanitaria preventiva, la logistica e molto altre.

Ne sono esempi le applicazioni dove non interessa tanto la soluzione assolutamente perfetta, ma quella ottimale rispetto a quanto i computer classici offrono oggi.

La tecnologia è in corso di applicazione pratica nelle auto a guida autonoma interconnesse, nell'analisi della migliore combinazione fornita dai sensori di aeromobili per ottimizzarne i decolli, nell'ottimizzazione della mobilità degli autoveicoli gestendone le congestioni, nel miglioramento delle catene robotizzate nelle fabbriche automatizzate.

La Volkswagen utilizza un computer di questo tipo per sviluppare un sistema di gestione del traffico tenendo conto della domanda di trasporto ed i tempi di viaggio.

Quasi tutte le case automobilistiche stanno attualmente sviluppando una strategia quantistica, tra cui Daimler, BMW, Ford e Toyota.

Nel settore aerospaziale, Airbus ha lanciato il suo "Airbus Quantum Computing Challenge " per sviluppare il sistema di gestione del traffico aereo.

A Barcellona un computer D-Wave gestisce la programmazione dei taxi calcolando gli accumuli di traffico e la domanda dei clienti con un 95% di probabilità di incontro ottimale tra offerta e domanda.

Il miglior modo per descrivere i dettagli di questa tecnologia è utilizzare la documentazione della società D-Wave, leader nel computing di "annealing" o "ricottura", che tra l'altro è anche l'azienda che ha venduto il maggior numero di computer quantistici ad oggi.

L'immagine che segue inquadra il posizionamento della tecnologia di questa azienda che è una derivazione dei computer quantistici adiabatici.

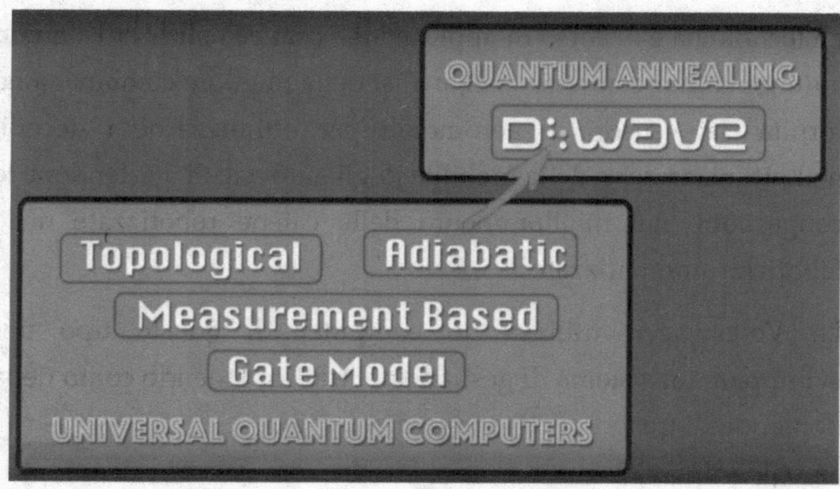

D-Wave realizza un particolare tipo di porta logica basata su una tecnologia magnetica dove i due valori "0" e "1" sono rappresentati dalla posizione di microscopici dipoli magnetici.

Per effettuare operazioni quantistiche questi dipoli devono essere portati ad uno stato di sovrapposizione raffrendandoli fino a pochi centesimi di gradi kelvin.

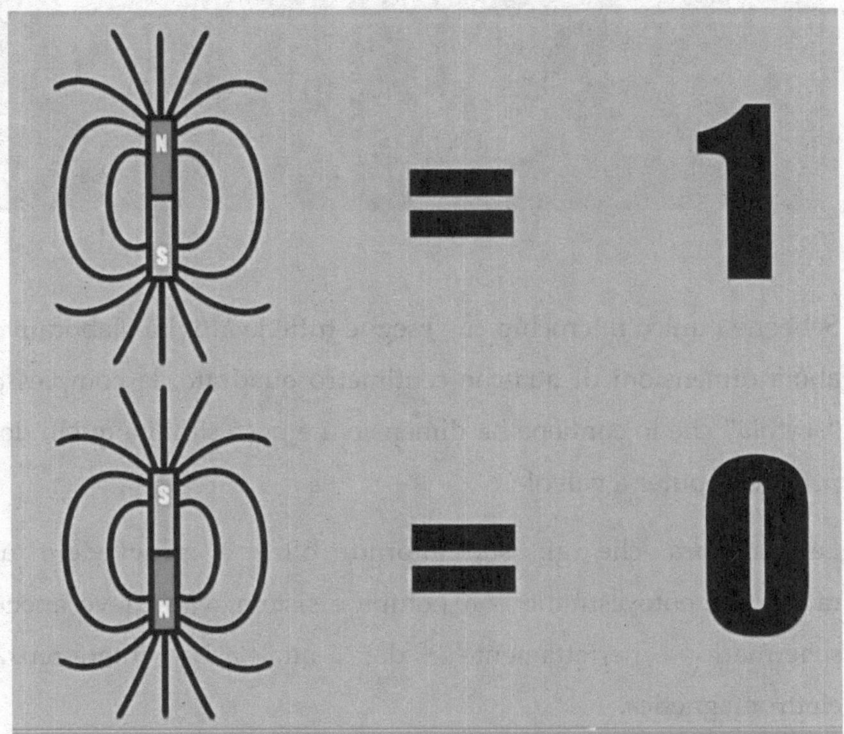

Dipolo magnetico usato come interruttore da D-Wave

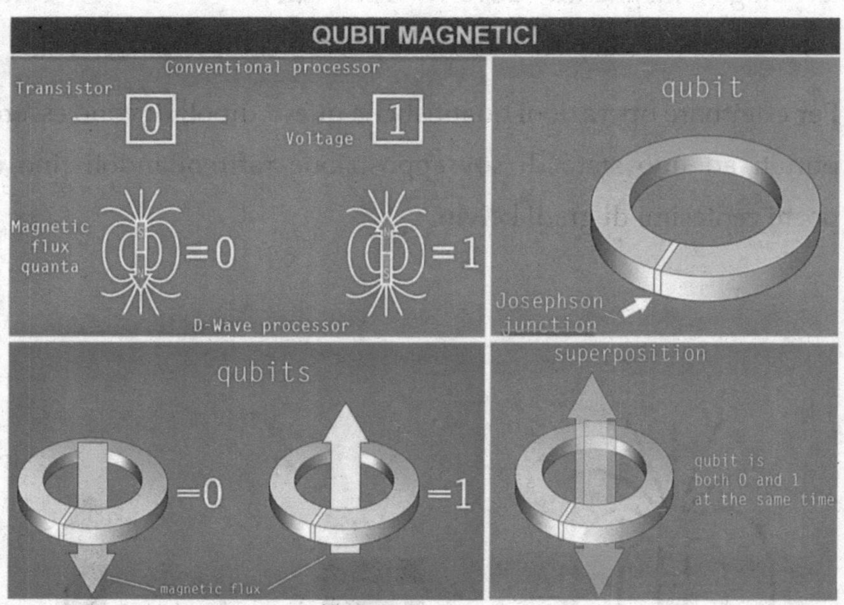

Sebbene l'unico microchip che esegue tutte le attività elaborative abbia dimensioni di qualche centimetro quadrato, la complessa "scatola" che lo contiene ha dimensioni e peso simili a quelli dei primi computer a valvole.

La struttura che gli sta intorno, oltre a provvedere al raffreddamento estremo con pompe e sistemi vari, deve anche schermarlo perfettamente da qualsiasi interferenza elettromagnetica.

Computer D-Wave assemblati e pronti per essere spediti ai clienti

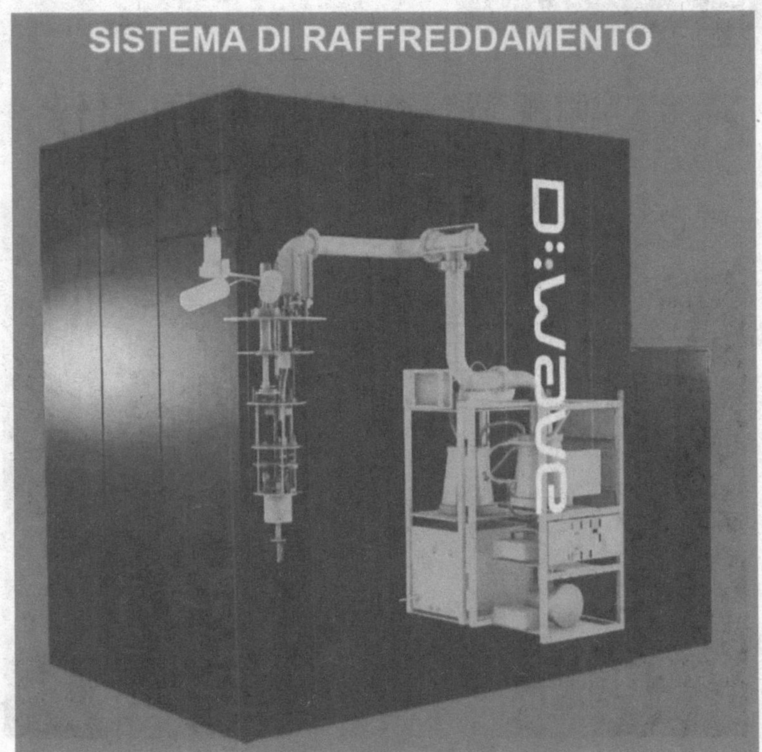

Visione del complesso sistema di raffreddamento criogenico

Parte dei meccanismi per il raffreddamento

Sezione della colonna criogenica

La colonna criogenica con temperature decrescenti dall'alto verso il basso

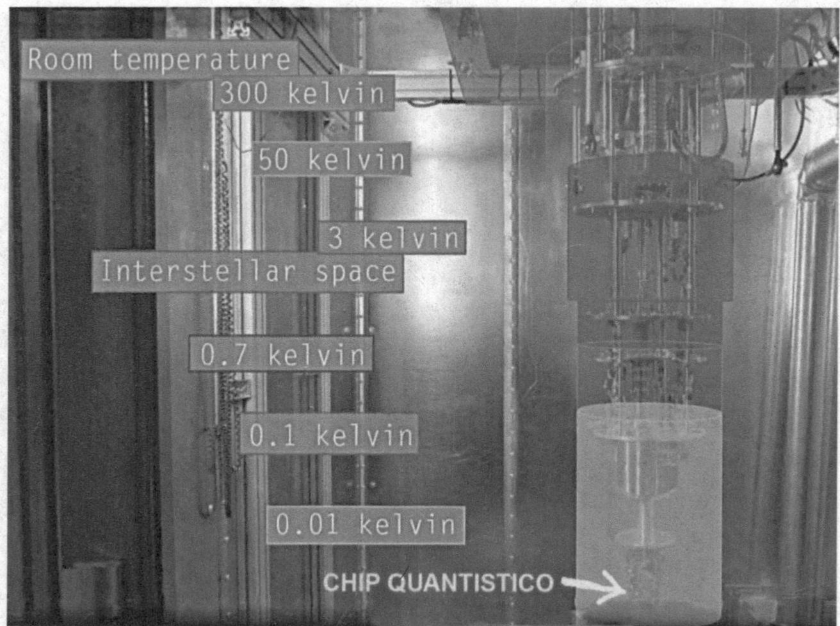

Le temperature nelle diverse sezioni della colonna di raffreddamento

Il chip "surgelato", cuore del computer quantistico D-Wave

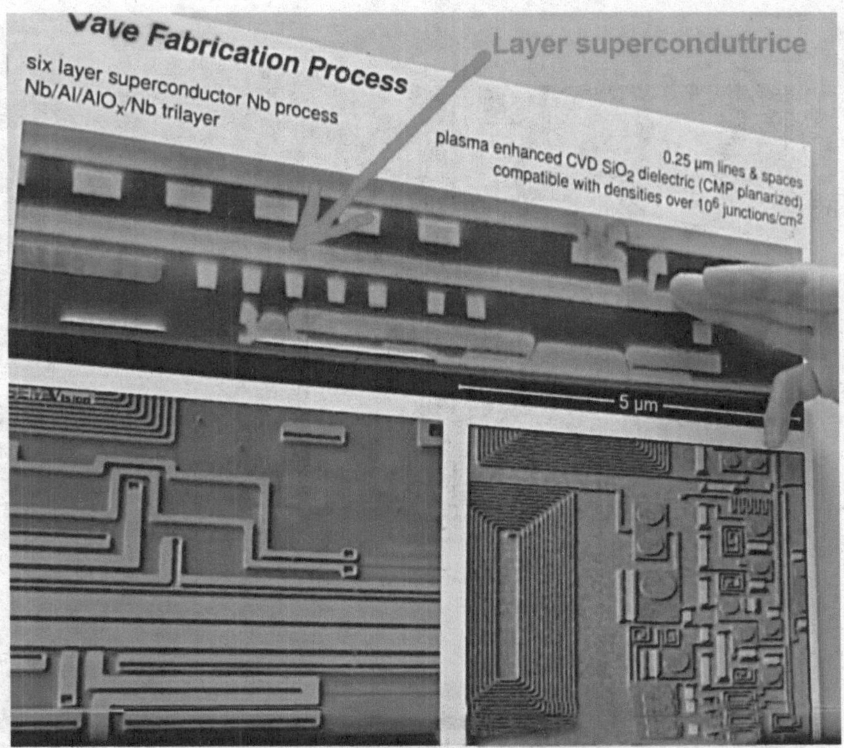

Lo strato di niobio superconduttore

Porzione della parte elettronica di controllo del computer

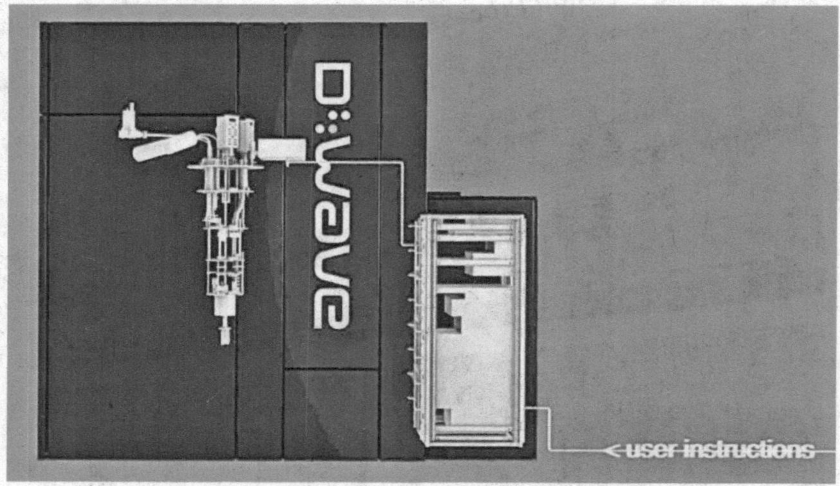

Immissione delle istruzioni utente

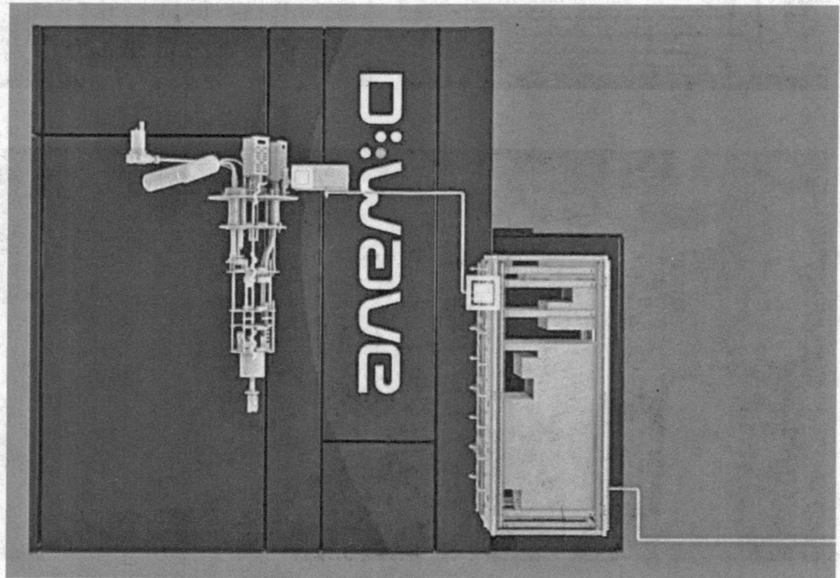

Invio dei dati al chip quantistico attraverso la colonna criogenica

Elaborazione da parte del chip allo stato di sovrapposizione quantistica

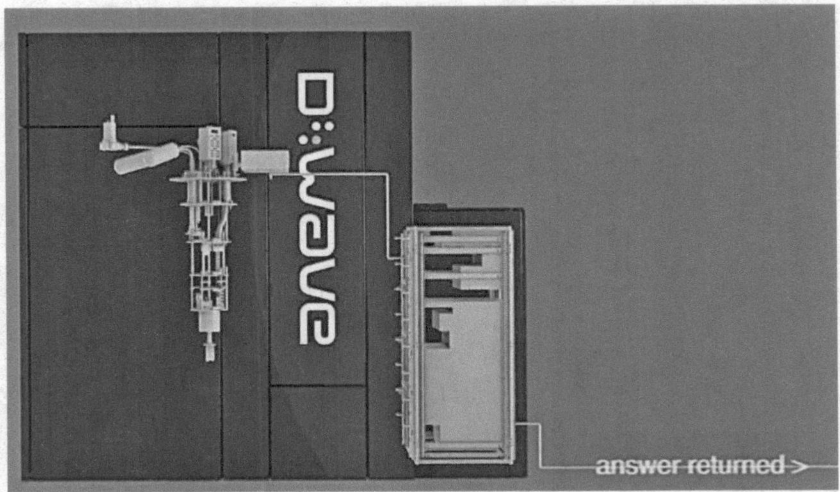

La stringa di bit col risultato dell'elaborazione torna all'utente

Digital annealer: ponte per il futuro quantistico

Fino a questo punto abbiamo trattato il computer quantistico di cui la letteratura tratta ed in particolare le note grandi aziende come Google, Microsoft, IBM ed altre.

Abbiamo però visto come nonostante gli incredibili sviluppi recenti la tecnologia sia ancora lontana dal realizzare macchine ultra potenti ed a costi accettabili per molti impieghi industriali.

D'altra parte da tempo si rendono necessari computer in grado di risolvere problemi complessi come la razionalizzazione dei percorsi di una flotta di automezzi o l'ottimizzazione di linee produzione robotizzate.

Per colmare questa attuale esigenza utilizzando tecnologie classiche, alcune aziende produttrici hanno pensato di creare una tecnologia ponte detta "Digital Annealer" ("ricottura digitale" in italiano) che si ispira al quantum computing enza esserlo realmente, ma che già oggi permette di risolvere problemi intricati in tempi rapidi, traducendosi in un immediato vantaggio per l'industria.

Questa soluzione utilizza algoritmi di ottimizzazione combinatori in real-time sfruttando computer classici anzicè quantistici.

Digital Annealer è già commercialmente disponibile ed ha dimostrato di produrre risultati tangibili a costi accettabili.

In pratica questa tecnologia sfrutta la capacità di algoritmi studiati per il mondo quantistico adattandoli a computer classici o, detto il altro modo, risolve i problemi critici con i software che si sviluppano per i computer quantistici facendoli girare in modo classico.

Sia chiaro, in questo modo si perdono alcune caratteristiche dei veri computer quantistici, ma hanno dimostrato di poter così risolvere una buona percentuale proprio di quei problemi che ci si aspetta solo i computer quantistici potranno risolvere nei prossimi anni.

Non si devono così creare complesse strutture criogeniche né dipendere dalla complessa realtà quantistica che richiede di eliminare fastidiose interferenze.

ANNEALING DIGITALE

La struttura di un metallo, se portato ad alta temperatura e poi gradualmente raffreddato, diventa stabile (bassa energia)

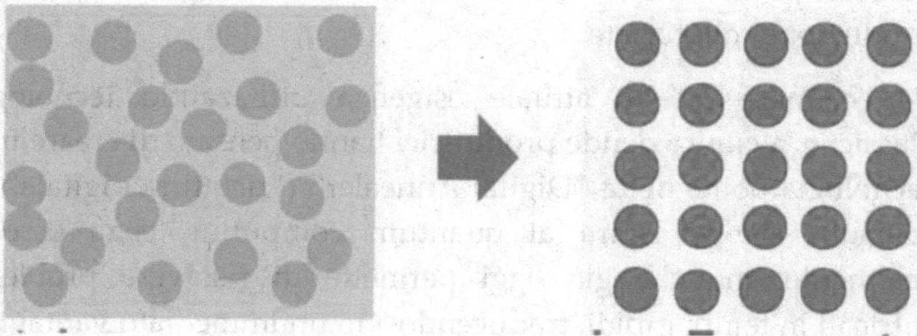

Analogamente si verificano tutte le combinazioni scuotendo i pezzi fino a che la combinazione funziona e questa combinazione viene considerata la migliore anche se non perfetta

Esemplificazione dell'algoritmo di Annealing Digitale

Per ottenere a livello di software quanto sopra si sfrutta un modello matematico chiamato QUBO (Quadratic Unconstrained

Optimization) detto anche "algoritmo di ottimizzazione combinatoria in real-time".

Con computer classici, anche molto potenti, Identificare la sequenza ottimale all'interno di un dato processo possibile solo per un limitato numero di variabili. Al crescere delle variabili il problema diventa esponenzialmente complesso ed impossibile da risolvere in maniera precisa.

Inoltre, sia il costo economico, costo energetico e tempo di calcolo crescono a dismisura raggiungendo i limiti delle possibilità anche dei più potenti super computer.

La causa principale di tutto questo risiede nel fatto che un tradizionale processore funziona in modo sequenziale. Per tale motivo, come abbiamo visto nei capitoli precedenti, l'operatività parallela dei computer quantistici forniscono potenze e tempi di calcolo incredibilmente migliori in questo ambito.

Purtroppo, la realizzazione di veri computer quantistici è ancora all'inizio ed anche se le prospettive sono entusiasmanti il realizzarli con tutto l'apparato per tenere praticamente alla temperatura quasi dello zero assoluto il processore li rende estremamente costosi.

Si è però osservato che per molte applicazioni pratiche non è indispensabile conoscere il risultato in assoluto migliore, ma come sia sufficiente per lo meno avvicinarcisi.

Un esempio in questo senso è la ricerca dell'ottimizzazione del miglior percorso per un gran numero di automezzi.

E' noto come questo calcolo aumenti esponenzialmente di complessità con l'aumentare del numero dei percorsi e come già con cento percorsi un supercomputer non riuscirebbe a fornire una soluzione in tempi accettabili.

Se poi i percorsi fossero mille dovremmo aspettare un computer quantistico che forse sarà prodotto nell'anno 2050.

Ma siamo sicuri che chi gestisce quel parco automezzi abbia bisogno della soluzione perfetta? Non è forse per una tale applicazione sufficiente riuscire a disporre di una soluzione sufficientemente buona? Cioè una soluzione accettabile e poco costosa che comunque permetta di migliorare di molto la movimentazione di quegli automezzi?

E' con questo ragionamento che sul mercato è nata la "Digital Annealing", in contrapposizione con la "Quantum Annealing", quest'ultima propria del mondo quantistico e, per esempio, adottata dalla D-Wave e vista nel capitolo precedente.

Ecco che, ad esempio, la giapponese Fujitsu ha iniziato ad utilizzare un processo di "annealing simulato" che gira su hardware tradizionale senza che si debba ricorrere a tutti i complicati e costosi impianti dei computer quantistici.

vengono attualmente utilizzati per risolvere una vasta gamma di problemi di ottimizzazione combinatoria.

Entrambe le tecniche di quantum annealing e di digital annealing approfittano dell'accelerazione dei calcoli implementata in via architetturale da queste ottimizzazioni.

Tuttavia, il quantum annealing soffre di limitazioni nella risoluzione di problemi su larga scala a causa del numero ridotto di connessioni disponibili tra i vari qubit (quantum bit).

L'architettura del Digital Annealer di Fujitsu, d'altra parte, sfrutta una circuiteria digitale dal design ispirato ai fenomeni quantistici ma implementato su un'architettura completamente connessa, consentendo così il libero scambio di segnali tra qualsiasi coppia di bit.

Questa soluzione può dunque risolvere problemi di ottimizzazione combinatoria su larga scala molto rapidamente e con sufficiente precisione.

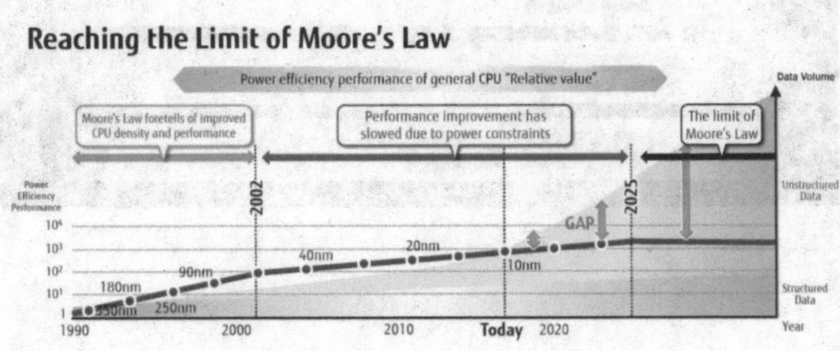

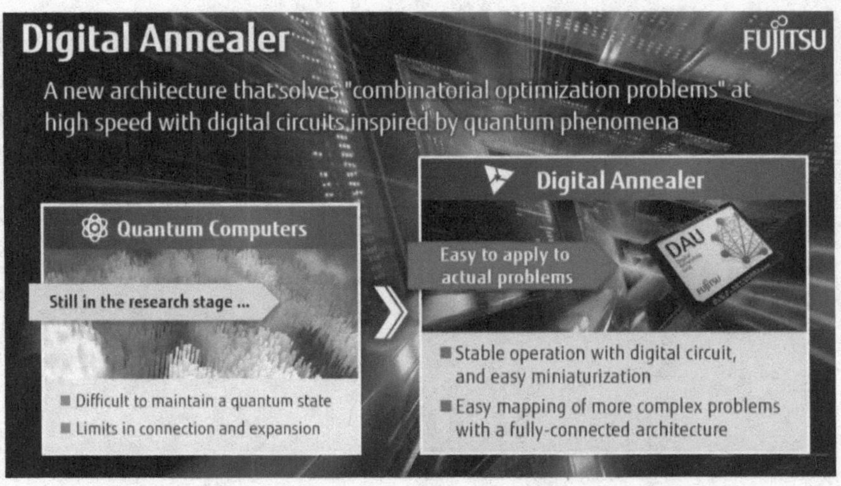

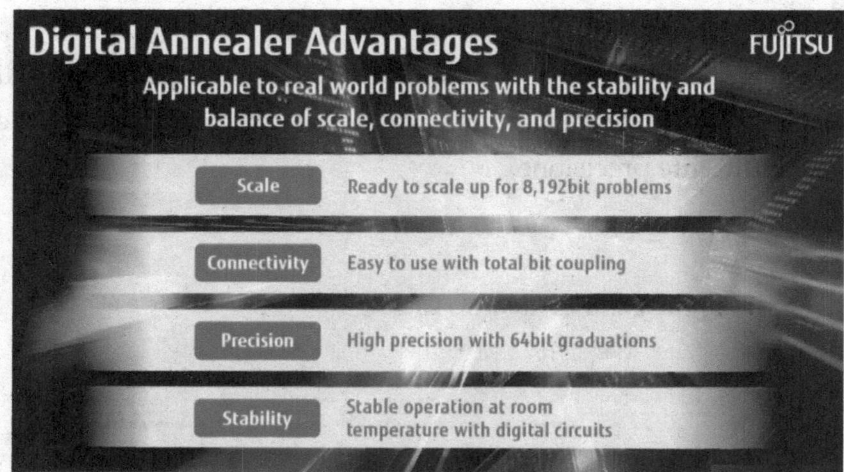
Digital Annealer Advantages
FUJITSU
Applicable to real world problems with the stability and balance of scale, connectivity, and precision
Scale
Ready to scale up for 8,192bit problems
Connectivity
Easy to use with total bit coupling
Precision
High precision with 64bit graduations
Stability
Stable operation at room temperature with digital circuits

Superamento della tesi di Church-Turing

La tesi estesa di Church-Turing viene talvolta definita "tesi di fattibilità" o "tesi di complessità computazionale-teorica".

Perché ne parliamo a questo punto e nell'ambito di un testo dedicato alla "nuova informatica del computer quantistico".

Per il lettore interessato solo alla tecnologia di queste nuove macchine non è assolutamente necessario conoscerne i fondamenti teorici, esattamente come ad un grande gourmet non occorrono conoscenze di chimica organica per preparare un ottimo sufflè, per cui può saltare al prossimo capitolo senza problemi.

In questo capitolo ci si rivolge ai curiosi ed agli studenti che si chiedono il perché di certe allocuzioni ormai in uso comune ed a chi, comunque, vuol collegare la tecnologia alla fisica e matematica fondamentale. Per questi ultimi quanto leggerete dovrà essere solo di spunto per poi approfondire in altri testi specializzati gli argomenti che in questo capitolo solo sfioriamo.

Oltre ai citati Turing e Church in questo libro abbiamo incontrato un buon numero di altri scienziati come Hilbert, Schrödinger, Heisenberg, Einstein, Von Neumann e decine altrettanto importanti hanno partecipato alla creazione delle fondamenta di quanto noi oggi utilizziamo nell'informatica.

E non solo nomi di personaggi celebri, ma argomenti che a volte sembrano lontani dal mondo del computer quantistico come l'intelligenza artificiale, la medicina e la biologia stanno incrociandosi ed alimentandosi reciprocamente.

La domanda fondamentale che ci dobbiamo porre consiste nel chiederci cosa ci sia di tanto rivoluzionario in un computer che, tutto sommato, sembrerebbe solo andare molto più veloce delle precedenti generazioni.

A dire il vero che la velocità dei computer aumentasse ce la aspettavamo da sempre, ma cosa c'e di fondamentale che modifica tutto ciò che teoricamente era stato già ampiamente descritto da Turing e Neumann?

La risposta è semplice: siamo saltati dal mondo delle certezze al mondo delle incertezze!

Si tratta di una frase semplice e breve che farebbe sobbalzare Albert Einstein nella tomba.

Il più grande scienziato del secolo scorso, morto nel 1955, dopo aver inutilmente tentato di dimostrare per metà della sua vita come tutti i fondamenti della meccanica quantistica fossero o sbagliati o superabili, concetto che riassunse nella sua famosa frase: Dio non gioca a dadi!", oggi si troverebbe a mal partito.

Si, perché non solo Einstein si sbagliava, ma oggi potremmo dirgli:" Si, Dio gioca a dadi ed il nostro computer quantistico lo dimostra alla grande!"

E qui entra in gioco la questione del grande salto che la tecnologia sta facendo con la nuova informatica: stiamo sfruttando il principio di indeterminazione Heisenberg che afferma come il mondo atomico si mostri a noi umani solo in modo probabilistico e che se utilizziamo quel mondo le teorie di Turing e di Von Neumann se ne vanno a far benedire!

Attenzione, non è che quelle teorie nel loro ambito di validità non siano vere, solo che oggi usciamo da quell'ambito e prima di addentrarci nei dettagli dobbiamo dire subito come tutta l'informatica classica si basi sul concetto di eseguire passi logici sequenziali, ciascuno dei quali deve essere determinato, senza ambiguità, altrimenti il risultato del calcolo diventa errato.

Con l'informatica quantistica quell'ambito viene esteso, operando con parallelismo quantistico (principio di sovrapposizione): più passi logici si compiono in un sol colpo e non sono "esatti" ma "all'incirca corretti"; ne possiamo solo sapere la probabilità di quanto siano esatti (Heisenberg e Schrödinger)! Una bella differenza!

Tornando a Turing il suo test per verificare se un computer è dotato di intelligenza afferma che: "se la risposta di un computer è indistinguibile da una risposta umana, allora stiamo trattando con una macchina intelligente".

La tesi di Church-Turing estende quel concetto affermando che "se un problema di calcolo è risolvibile da un umano, allora deve esistere una macchina di Turing in grado di risolverlo".

Perché ci interessa parlarne? Perché si è visto che i computer quantistici violano questa tesi di Church-Turing risolvendo determinati compiti con passi esponenzialmente inferiori rispetto al miglior algoritmo classico per lo stesso compito, ma alla fine fornendo un dato "quasi esatto".

Questo fatto ha aperto la possibilità inaspettata di un modo completamente nuovo per risolvere rapidamente problemi di elaborazione sfruttando le caratteristiche probabilistiche della realtà quantistica.

Il potenziale pratico dei computer quantistici è stato dimostrato teoricamente da Peter Shor nel 1994 col suo algoritmo che è in grado di calcolare velocemente i numeri primi con margine d'errore arbitrariamente piccolo.

Il termine "arbitrariamente piccolo" significa che reiterandolo il calcolo sempre più volte, ci si può avvicinare alla soluzione esatta con probabilità anche di un 99% seguito da altri mille 9, ma non si potrà raggiungere mai il 100%, cioè la certezza assoluta che Turing vorrebbe.

Algoritmi quantistici

Tutti i linguaggi di programmazione oggi utilizzati per realizzare software, app e programmi vari sono accomunati da una caratteristica: sono pensati e realizzati per funzionare all'interno di un'unica architettura informatica, quella teorizzata nell'immediato dopoguerra dal matematico John Von Neumann: si parla infatti di "Macchina di Von Neumann" quando ci si riferisce in maniera generalizzata ai computer classici.

La nuova architettura del computer quantistico, che poco ha a che fare con la macchina di Von Neumann, richiede che si sviluppino linguaggi che consentano agli sviluppatori e programmatori di realizzare applicativi che sfruttino le peculiarità dell'elaborazione quantistica.

L'informatica quantistica da una parte migliora enormemente le performance di calcolo, ma per ottenere quei risultati richiede rivoluzionari algoritmi.

Si è quindi reso necessario fornire agli sviluppatori di applicativi i mezzi per non costringerli al duro lavoro di programmare a livello macchina come avveniva agli albori dei computer classici.

Un ottimo esempio il **Q# di Microsoft,** nuovo linguaggio d'alto livello che nasce in proprio in questa ottica.

Si tratta di un linguaggio di programmazione per computer quantistici con cui Microsoft intende recuperare il divario che la divede dai grandi del settore come Google, Intel e IBM.

Inoltre assieme al Q# Microsoft ha presentato un ampio pacchetto di sviluppo denominato "**Quantum Development Kit**", con il quale è possibile accedere a un simulatore di computer quantistico ospitato sul cloud Azure di Microsoft per cominciare a scrivere programmi e provarli.

Con il "**Quantum Simulator**", è quindi possibile sviluppare il proprio codice sorgente come se si stesse operando con un computer quantistico fisico ed invece si sta sperimentando l'hardware quantistico presso Microsoft via cloud.

Sempre parlando di questo importante e pionieristico esempio occorre sottolineare come Microsoft abbia per prima introdotto il concetto della programmazione che attiene alla "**topologica quantistica**" che nulla ha a che fare con esperienze precedenti con computer classici.

Opportuno chiarire di che cosa si intenda con questo innovativo modello di programmazione specifico dei computer quantistici.

Per comprenderlo dobbiamo tornare a quanto descritto nel capitolo relativo ai computer quantistici a porte logiche (gate based).

In quel capitolo si è menzionato a come, per aumentare il numero di qubit, occorresse intervenire per ridurre le interferenze che bloccherebbero il computer.

L'aumento dei qubit in un computer quantistico comporta un aumento esponenziale delle sue capacità di calcolo e quindi enorme è lo sforzo degli ingegneri per ridurre i rischi delle interferenze che pure crescono esponenzialmente col crescere del numero di qubit.

Una di queste tecniche attualmente utilizzata è l'aggiunta di qubit ridondanti il cui unico scopo è di memorizzare temporaneamente i dati senza che intervengano nell'effettiva elaborazione in corso.

In pratica si aggiunge una parte non trascurabile di qubit utilizzati per controllare che nel codice non ci siano errori, verificandone e correggendone il contenuto.

I programmi devono quindi riconoscere la presenza di queste ridondanze e considerarle in modo specifico nel programma e da questa peculiarità è nata l' "**informatica quantistica topologica**".

Riassumendo, in questa informatica si tiene presente questi qubit ridondanti la cui sola funzione è solo quella di proteggere il sistema dalle interferenze e che non devono prendere parte all'elaborazione.

Di conseguenza il compilatore di questo linguaggio topologico genera un codice che soddisfa i complicati vincoli quantistici solo per la porzione di programma specifica dell'hardware quantistico e non per quella parte ridondanza e che rimane pertinenza del computer classico che controlla il computer quantistico.

In ultima analisi è fondamentale che chi scrive programmi deve tener conto di aspetti completamente nuovi: non si possono copiare direttamente i contenuti dei qubit in altri qubit, non se ne possono azzurrare i contenuti e se ne devono distinguere tropologicamente le diversità funzionali.

In aggiunta a quanto offre Microsoft, si trovano in rete linguaggi di programmazione e librerie di simulazione specifiche per calcolatori quantistici che tengono conto di queste peculiarità come ad esempio **il QCL ed il suo interprete.**

Questi sono gli strumenti indispensabili per scrivere programmi quantistici e farli girare sui simulatori in rete per constatarne le straordinarie proprietà.

Tutte queste difficoltà sono compensate dal fatto che in pochi qubit si possono memorizzare enormi quantità di dati su cui effettuarne calcoli anche molto complessi sfruttando il nativo parallelismo quantistico.

Riassumendo, un linguaggio di programmazione quantistico è uno strumento utile solo per gestire un calcolatore quantistico e quindi le sue straordinarie caratteristiche sono sfruttabili solamente se si dispone degli algoritmi quantistici specifici.

Un esempio di questo calcolo che richiede un algoritmo specifico è la scomposizione di un grande numero nei suoi fattori primi la cui complessità esponenziale per un calcolatore classico e per numeri con cifre oltre una certa dimensione diventa impossibile.

Ricorrendo al più volte menzionato algoritmo di Shor ed il computer con il giusto numero di qubit realizzabile fra qualche anno, si potranno scomporre i giganteschi numeri primi utilizzati nella crittografia.

Utilizzando algoritmi specifici per l'ambiente quantistico se ne aumenta di molti ordini di grandezza il risultato ottenibile.

La grande sfida del futuro per i programmatori è quindi quella di individuare i giusti algoritmi per ottimizzare i risultati per specifiche applicazioni.

Si apre quindi un'enorme opportunità di lavoro per coloro che saranno in grado di creare applicazioni ad una generazione completamente nuova di hardware.

Chiaro che in molte applicazioni l'ottenere un risultato approssimato è molto meglio che non averne alcuno o, peggio, dover aspettare 10.000 anni per vederlo e se l'approssimazione è modestissima in molti casi la si può far coincidere con il risultato esatto dei computer classici.

Ecco perché questi algoritmi quantistici hanno suscitato serie preoccupazioni nella comunità della sicurezza che dormiva tranquilla sapendo che anche i più potenti computer lavorando sequenzialmente (Turing) non avrebbero mai potuto estrarre i numeri primi di numeri con le enormi cifre utilizzati nella crittografia.

Ora, con l'algoritmo di Shor ed i computer quantistici, è solo questione di tempo: ci vorranno 3 o 10 anni, non lo sappiamo, ma prima o poi ci si riuscirà!

Anche altri problemi soggetti alla così detta "esplosione combinatoria", nonostante la crescita esponenziale delle risolse di calcolo necessarie per risolvere, ora possono essere risolti adottando algoritmi creati ad hoc.

È importante sapere che i computer quantistici non accelerano uniformemente tutti i problemi, ma sono efficaci in particolari classi di problemi per i quali si sono già studiate una serie di algoritmi specifici di cui qui faremo qualche accenno.

Vedremo gli algoritmi quantistici più importanti presenti in letteratura che rendono così performante l'elaborazione quantistica e che comportano un forte miglioramento delle prestazioni del calcolo quantistico.

Si tratta di algoritmi che sono particolarmente efficaci nell'ambito della gestione di grosse quantità di dati come nel campo del

Machine Learning, dei problemi di ottimizzazione come nel incrementare Data Mining.

Gli algoritmi quantistici presenti in letteratura maggiormente applicati come subroutine agli algoritmi di Machine Learning. Teoricamente, ogni versione quantistica è esponenzialmente più veloce della sua controparte classica.

Algoritmo di Shor

La più importante applicazione dell'algoritmo di Shor è dovuta alla possibilità di risolvere il problema della fattorizzazione che consiste nel trovare, dato un numero intero positivo dispari e composto da N cifre, i fattori primi nei quali è scomponibile.

Algoritmo di Deutsch

Ricava determinate proprietà di un qubit mediante una valutazione parallela della funzione su tutti i suoi input sfruttando l'interferenza tra gli stati e applicando un'estensione del parallelismo quantistico.

Algoritmo Deutsch-Jozsa

E' un estensione dell'algoritmo precedente che opera su N qubit. Diversamente dal caso classico dove la soluzione al problema è deterministica e dipende esponenzialmente dal numero di bit, nel caso quantistico si ottiene un notevole aumento della velocità in un singolo passaggio grazie al parallelismo dei computer quantistici. L'algoritmo di Deutsch-Jozsa è stato il primo a mostrare la vera e profonda differenza tra l'approccio classico e quello quantistico nella risoluzione di un problema complesso.

Algoritmo di ricerca di Grover

Risolve in modo ottimale e veloce problemi di ricerca su database non strutturati. Cioè esegue la ricerca di elementi specifici in un elenco di dati non strutturati come ad esempio nel rispondere alla domanda: Questa carta estratta da un mazzo di carte è un asso di cuori? L'assegnazione di etichette all'elemento specifico viene chiamata "input contrassegnato". Usando questo algoritmo con un computer quantistico l'esecuzione di questa ricerca avviene in un minor numero di passaggi rispetto al numero di elementi nell'elenco in cui viene eseguita la ricerca, risultato che nessun algoritmo classico può raggiungere. L'aumento della velocità nel caso di elenchi contenenti milioni o miliardi di elementi, diventa molto significativo.

Algoritmo quantistico della Trasformata di Fourier

Molti problemi fisici e matematici sono risolvibili spostando il problema in un altro di cui si conosce la soluzione, questo si fa utilizzando, ad esempio, la trasformata di Fourier. E' un metodo matematico per passare dal campo del tempo a quello delle frequenze, la cui rappresentazione discreta viene utilizzata per la ricerca delle soluzioni.

Algoritmo quantistico di Stima di Fase

La Trasformata di Fourier è anche alla base della procedura chiamata "Stima della Fase" che permette di stimare gli autovalori di una matrice unitaria che i computer quantistici possono trattare molto velocemente.

Algoritmo quantistico di Ordinamento (sort)

Risolve velocemente il problema dell'ordinamento di un insieme, classico problema dell'informatica.

Algoritmi di Quantum Supervised Learning

Applicato a problemi di Machine Learning è un importante capitolo che fa parte del "Quantum Machine Learning" in rapido sviluppo e che gli interessati all'intelligenza artificiali dovranno presto affrontare.

In conclusione, il capitolo della programmazione (software) dell'informatica quantistica rappresenta una nuova ed entusiasmante area in grande crescita e con un enorme potenziale.

Si tratta di una vera rivoluzione in cui stanno prendendo forma soluzioni software in attesa dell'hardware per utilizzarle.

I computer quantistici stanno crescendo rapidamente e presto invaderanno l'industria, la ricerca ed il mondo del Pubblico, per cui gli operatori che già programmano per il mondo classico ed i giovani che in quel mondo stanno per entrare devono acquisire rapidamente le competenze specifiche che l'informatica quantistica richiede.

Supremazia quantistica e Google

Proprio mentre concludevo la stesura di questo mio libro ho ricevuto un articolo di Google pubblicato dalla nota rivista scientifica americana Nature in cui si afferma di aver ottenuto quella supremazia tanto cercata. Data la sua attualità e l'autorevole contenuto, ho ritenuto utile includerne un riassunto in italiano.

Leggendo l'articolo pare, infatti, che la così detta "supremazia quantistica" sia stata raggiunta. L'articolo pubblicato il 24 ottobre 2019 intitolato "**Quantum supremacy using a programmable superconducing processor**" illustra come un computer basato sulla tecnologia a porte logiche con 53 qubit abbia raggiunto quell'ambito traguardo. Prima di passare all'articolo vediamo di che stiamo trattando.

La supremazia quantistica.

Nella letteratura tecnica si definisce "supremazia quantistica" la potenziale capacità di computer quantistici nel risolvere problemi che i computer classici non riescono e non possono risolvere oggi ed in futuro per la struttura su cui si basano.

Si passa dalla semplice superiorità dovuta all'indubbia velocità già ampiamente dimostrata, per poi considerare l'intrinseca capacità di affrontare problemi con difficoltà a crescita esponenziale.

Il termine fu introdotto da John Preskill nel 2012 ed in precedenza concetti simili furono elaborati all'inizio degli anni ottanta da Yuri Manin e Richard Feynman.

Nell'occasione dell'affermazione di Google di aver raggiunto quel limite, meglio di ogni altra argomentazione è riportare le parole dello stesso Preskill: "Nel documento del 2012 ho introdotto il termine "supremazia quantistica" perché allora mi domandavo come il controllo dei sistemi quantistici su larga scala fosse molto, molto difficile o addirittura ridicolmente difficile. Ritenevo che avremmo potuto costruire modesti computer quantistici su larga scala solo dopo decenni di duro lavoro. Nell'eventualità poi di voler creare macchine molto potenti ritenevo che non ci saremmo riusciti anche per secoli, se non mai. Ora, i recenti risultati del team di Google rafforzano la nostra fiducia nel fatto di come il calcolo quantistico sia solo molto, molto difficile. Se questo è vero, una miriade di tecnologie quantistiche probabilmente fioriranno nei decenni a venire".

Riassunto dell'articolo. Nature, 20 settembre 2019

****

La promessa dei computer quantistici è quella di elaborazioni esponenzialmente più veloci di un processore classico. La sfida fondamentale è quindi il costruire processori quantistici di alta qualità in grado di eseguire algoritmi quantistici in uno spazio computazionale di grandi dimensioni.

In questo articolo si descrive l'uso di un processore con qubit superconduttori programmabili per la creazione di stati quantistici su 53 qubit, corrispondenti a uno spazio computazionale della dimensione 2^53 (circa 10^16).

Le misurazioni effettuate con esperimenti ripetuti campionano la distribuzione delle probabilità risultanti che verifichiamo usando simulazioni classiche.

Il nostro processore Sycomore impiega circa 200 secondi per campionare un milione di volte un'istanza di un circuito quantistico: i nostri benchmark indicano che il compito equivalente per un avanzato hardware classico come un supercomputer impiegherebbe circa 10.000 anni.

Questo drammatico aumento della velocità paragonata alla velocità di tutti i possibili gli algoritmi classici noti è una realizzazione sperimentale della supremazia quantistica per questo specifico compito computazionale, confermando il tanto atteso paradigma informatico.

****

La difficoltà di provare ciò che non si può fare con il calcolo classico è un problema comune nella dimostrazione definitiva della supremazia quantistica.

Google ha precedentemente annunciato piani per dimostrare la supremazia quantistica entro la fine del 2017, tuttavia, all'inizio di gennaio 2018, solo Intel ha annunciato tale hardware.

Nell'ottobre 2017 IBM ha dimostrato la simulazione di 56 qubit su un supercomputer convenzionale, aumentando il numero di qubit necessari per la supremazia quantistica.

Nel novembre del 2018, Google ha annunciato una partnership con la NASA per analizzere i risultati dei circuiti quantistici eseguiti su processori di Google e fornire confronti con la simulazione classica per convalidare l'hardware di Google e stabilire una base per la supremazia quantistica.

Il lavoro teorico pubblicato nel 2018 suggerisce che la supremazia quantistica dovrebbe essere possibile con un reticolo bidimensionale di 7x7 qubit e circa 40 cicli di clock con tassi di errore sufficientemente bassi.

Il 18 giugno 2019 la rivista Quanta Magazine ha suggerito che la supremazia quantistica potrebbe essere conseguita entro la fine del 2019 in base alla Legge di Neven (***la legge di Hartmut Neven afferma che i computer quantistici aumentano la loro potenza di calcolo a un ritmo annuo "doppiamente esponenziale"***).

Il 20 settembre 2019 il Financial Times ha riferito che "Google conferma di aver raggiunto la supremazia quantistica con una matrice di 54 qubit, di cui 53 funzionali, utilizzati per eseguire una serie di operazioni in 200 secondi che avrebbero richiesto ad un supercomputer circa 10.000 anni per effettuarlo. Il 23 ottobre Google ha confermato ufficialmente tale affermazioni. IBM ha risposto suggerendo che alcune delle affermazioni sono eccessive.

La promessa dei computer quantistici consiste nel fatto che alcuni compiti di elaborazione possano venire eseguiti con velocità esponenzialmente superiore impiegando un processore quantistico rispetto ai processori classici.

Questo si traduce nella sfida sul poter costruire un processore con così elevate prestazioni da poter eseguire algoritmi quantistici in uno spazio di calcolo di dimensione che cresce esponenzialmente.

Mentre ci avviciniamo alla fine della legge di Moore, c'è una crescente urgenza di sviluppare modelli computazionali alternativi.

Esempi sono architetture oltre Von Neumann e oltre hardware classico da quando Richard Feynman ha immaginato la possibilità di utilizzare la fisica quantistica per il calcolo si sono fatti sensibili progressi e molte teorie si sono aggiunte che portano i computer oltre Von Neumann ed i CMOS.

Esperimenti con elettronica basata su circuiti superconduttori hanno dimostrato che si può ottenere un buon controllo sulla meccanica quantistica ottenendo tempi di soluzione e/o accuratezza in una varietà di applicazioni riducendone contemporaneamente il consumo di energia.

Ad esempio la crittografia con protocolli RSA può teoricamente essere rotta utilizzando computer quantistici e sono possibili simulazioni quantistiche per risolvere problemi come la progettazione di nuovi materiali e la scoperta di nuovi farmaci.

In questo articolo si riporta l'utilizzo di un processore con qubit superconduttori programmabili per creare stati quantistici di 53 qubit, corrispondenti ad uno spazio di computazione della dimensione di 2^53 bit (pari a circa 10^16 bit).

In prove ripetute le misurazioni campionano la distribuzione di probabilità risultante che vengono verificate utilizzando simulazioni classiche.

Il nostro processore Sycomore impiega circa 200 secondi per campionare un'istanza in un circuito quantistico un milione di volte: i nostri benchmark indicano che oggi il compito equivalente per un supercomputer classico all'avanguardia richiederebbe circa 10.000 anni.

Questo drammatico aumento di velocità rispetto a tutti gli algoritmi classici noti è una conferma sperimentale della supremazia quantistica per questo specifico compito computazionale ed annuncia un paradigma informatico molto atteso.

All'inizio degli anni '80 Richard Feynman affermò che un computer quantistico sarebbe stato uno strumento efficace con cui risolvere problemi di fisica e chimica che sarebbero esponenzialmente più costosi risolvere con computer classici.

La realizzazione dell'idea di Feynman pone notevoli sfide pratiche e teoriche. Innanzitutto la domanda che si pone è se un sistema quantistico possa essere progettato per eseguire un calcolo in uno spazio computazionale (detto di Hilbert) abbastanza grande e con un tasso di errore abbastanza basso da fornire una velocità quantistica.

In secondo luogo, occorre rispondere alla domanda se sia possibile formulare un problema così difficile per un computer classico che sia solo risolvibile facilmente con un computer quantistico.

Possiamo affermare che il nostro processore raggiunge la supremazia quantistica, pietra miliare sulla strada del calcolo quantistico su vasta scala.

Nel raggiungere questo traguardo si dimostra come l'accelerazione quantistica sia realizzabile in un sistema reale e che non è preclusa da alcuna legge fisica nascosta.

La supremazia quantistica preannuncia anche l'era delle tecnologie quantistiche su scala intermedia che sopportano il rumore (NISQ).

Dimostriamo quanto sopra con una applicazione specifica che deve generare numeri casuali certificabili, oltre ad altri impieghi che includono l'ottimizzazione, l'apprendimento automatico, la scienza dei materiali e la chimica.

Per raggiungere la supremazia quantistica abbiamo ottenuto anche una serie di progressi tecnici verso la correzione degli errori.

Abbiamo sviluppato porte logiche veloci e di alta qualità che possono operare simultaneamente su un array di qubit bidimensionale.

Abbiamo calibrato e confrontato il processore sia a livello di componente che di sistema utilizzando un nuovo potente strumento di benchmarking ad entropia incrociata.

Infine, abbiamo utilizzato la qualità a livello di componente per prevedere accuratamente le prestazioni dell'intero sistema, dimostrando come le informazioni quantistiche si comportino secondo le previsioni quando si esegue il ridimensionamento su sistemi di grandi dimensioni.

L'articolo prosegue fornendo una dettagliata descrizione della metodologia di benchmarking adottata e la matematica coinvolta confermando quanto segue.

Un calcolo adatto per dimostrare la supremazia quantistica dei nostri processori quantistici confrontandoli con i computer classici più avanzati consiste nello sfruttare un circuito quantistico pseudo-casuale.

I circuiti casuali sono una scelta adatta per il benchmarking perché non possiedono una struttura e quindi offrono garanzie limitate di "durezza" all'elaborazione.

Progettiamo i circuiti per correlare un insieme di bit quantici (qubit) mediante ripetute applicazioni di operazioni logiche a qubit singolo e due qubit.

A causa dell'interferenza quantistica, la distribuzione di probabilità delle stringhe di bit assomiglia a un modello di intensità maculato prodotto dall'interferenza della luce nella dispersione laser, in modo che alcune stringhe di bit hanno molte più probabilità di verificarsi rispetto ad altre.

Il calcolo classico di questa distribuzione di probabilità diventa esponenzialmente più difficile con l'aumentare del numero di qubit (larghezza) e del numero di cicli di gate (profondità).

Verifichiamo che il processore quantistico funzioni correttamente utilizzando un metodo chiamato benchmarking "cross-entropy" che confronta la frequenza con cui ogni stringa di bit viene osservato sperimentalmente con la corrispondente probabilità ideale calcolata tramite simulazione su un computer classico.

Per un dato circuito, raccogliamo le stringhe di bit misurate e calcoliamo la qualità del benchmark lineare ad entropia incrociata.

Abbiamo progettato un processore quantistico chiamato "Sycomore" che consiste in una matrice bidimensionale di 54 qubit in cui ogni qubit è accoppiato ai quattro più vicini in un reticolo rettangolare.

La connettività è stata scelta per essere compatibile con le versioni successive con la correzione degli errori usando un codice di superficie.

Un progresso ingegneristico di questo dispositivo è il raggiungimento di operazioni ad alta qualità a singolo e doppio qubit, non solo in isolamento, ma anche durante un calcolo realistico con operazioni di gate simultanee su molti qubit.

Processore Sycomore di Google. Array di 54 qubit collegata ai 4 vertici

In un circuito superconduttore, gli elettroni di conduzione si condensano in uno stato quantico macroscopico, in modo tale che le correnti e le tensioni si comportino secondo leggi della meccanica quantistica.

Il processore utilizza i "trans bit" qubit, che possono essere considerati risonatori superconduttori non lineari a 5–7 GHz.

Il qubit è codificato come i due entanglement quantici più bassi del circuito risonante.

Ogni "transone" ha due controlli: un disco a microonde per eccitare il qubit e un controllo del flusso magnetico per sintonizzare la frequenza.

Ogni qubit è collegato a un risonatore lineare utilizzato per leggere lo stato del qubit5.

Il design ci consente di ottimizzare rapidamente l'accoppiamento qubit a qubit se completamente spento a 40 MHz.

Il processore è fabbricato usando alluminio per la metallizzazione e giunzioni Josephson e indio per i i punti di saldatura tra due wafer di silicio.

Il chip è collegato a filo a un circuito superconduttore e raffreddato a meno di 20 mKelvin in un refrigeratore di diluizione per ridurre l'energia termica ambientale molto al di sotto dell'energia dei qubit.

Il processore è collegato tramite filtri e attenuatori all'elettronica a temperatura ambiente, la è compatibile con la correzione degli errori utilizzando il codice di superficie.

Un progresso ingegneristico dei sistemi chiave di questo dispositivo è il raggiungimento di operazioni ad alta qualità a singolo e doppio qubit, non solo in isolamento ma anche durante un calcolo reale con operazioni di gate simultanei su molti qubit.

In un circuito superconduttore gli elettroni di conduzione si condensano in uno stato quantico macroscopico e le correnti e le tensioni si comportino meccanicamente quanticamente2,30.

Il processore utilizza i transbit a 6 qubit considerati risonatori superconduttori non lineari a 5–7 GHz. Il qubit è codificato come i due eigenstate quantici più bassi del circuito risonante.

Ogni transone ha due controlli: un disco a microonde per eccitare il qubit e un controllo del flusso magnetico per sintonizzare la frequenza.

Ogni qubit è collegato a un risonatore lineare utilizzato per leggere lo stato del qubit5Ogni qubit è anche collegato ai suoi qubit vicini usando un nuovo accoppiatore regolabile31,32.

Il nostro design accoppiatore ci consente di ottimizzare rapidamente l'accoppiamento qubit-qubit da completamente spento a 40 MHz.

Un qubit non funzionava correttamente, quindi il dispositivo utilizza 53 qubit e 86 accoppiatori.

Il processore è fabbricato usando alluminio per la metallizzazione e giunzioni Josephson e indio per i bump bond tra due wafer di silicio.

Il chip è collegato a un circuito superconduttore e raffreddato a meno di 20 mK in un frigorifero di diluizione per ridurre l'energia termica ambientale a ben al di sotto dell'energia qubit.

Il processore è collegato tramite filtri e attenuatori all'elettronica a temperatura ambiente, accoppiatore regolabile Qubit da 10 mm

Lo stato di tutti i qubit può essere letto contemporaneamente utilizzando una tecnica di multiplexing di frequenza.

Utilizziamo due stadi di amplificatori criogenici per aumentare il segnale, che viene digitalizzato (8 bit a 1 GHz) e demoltiplicato digitalmente a temperatura ambiente.

In totale, usiamo 277 convertitori da digitale ad analogico (14 bit a 1 GHz) per un controllo completo del processore quantistico.

Eseguiamo gate a singolo qubit guidando impulsi a microonde da 25 nanosecondi con la frequenza di qubit mentre il qubit di accoppiamento è disattivato.

Gli impulsi sono modellati per ridurre al minimo le transizioni verso stati transmonici superiori.

Le prestazioni del gate variano con la frequenza a causa di difetti del sistema a due livelli, modalità a microonde vaganti, accoppiamento a linee di controllo e risonatore di lettura, accoppiamento residuo tra qubit e distorsioni di impulsi.

Pertanto, ottimizziamo le frequenze operative a qubit singolo per mitigare questi meccanismi di errore. Confrontiamo le prestazioni del gate a qubit singolo utilizzando il protocollo di benchmarking ad entropia sopra descritto, ridotto al livello a qubit singolo (per misurare la probabilità di un errore che si verificasse durante un gate a qubit singolo.

Si effettuano altre operazioni per giungere a questo punto.

Si ripete l'esperimento con tutti i qubit che eseguono porte a singolo bit contemporaneamente che mostra solo un piccolo aumento delle probabilità di errore, dimostrando che il nostro dispositivo ha un cross talk a microonde basso.

****

Avendo trovato i tassi di errore delle singole porte e letture, possiamo modellare la fedeltà di un circuito quantistico come il prodotto delle probabilità di un funzionamento privo di errori di tutte le porte e misure. I più grandi circuiti quantistici casuali hanno 53 qubit, 1.113 gate a qubit singolo, 430 gate a due qubit e una misurazione su ciascun qubit, per i quali prevediamo una qualità dello 0,2%.

Questa fedeltà dovrebbe essere risolvibile con pochi milioni di misurazioni, poiché l'incertezza su FXEB è N1/s, dove Ns è il numero di campioni.

****

Dimostrare un modello predittivo di errore non correlato fino a uno spazio di Hilbert di dimensioni 2^53 = 9x10^15 mostra che possiamo costruire un sistema in cui le risorse quantistiche, come l'entanglement, non sono fragili.

I futuri processori

Computer quantistici basati su qubit superconduttori ora possono eseguire calcoli in uno spazio di Hilbert di 253 dimensioni =9×10^15, oltre la portata dei supercomputer classici più veloci oggi disponibili.

A nostra conoscenza, questo esperimento segna il primo calcolo che può essere eseguito solo su un processore quantistico.

I processori quantistici hanno così raggiunto il regime di supremazia quantistica.

Ci aspettiamo che loro il potere computazionale continuerà a crescere ad un ritmo del doppio esponenziale: il costo classico della simulazione di un circuito quantistico aumenta esponenzialmente col volume computazionale e miglioramenti hardware probabilmente seguono un equivalente della legge di Moore, raddoppiando questo volume computazionale ogni pochi anni.

Per sostenere il doppio tasso di crescita esponenziale e offrire il calcolo volume necessario per eseguire algoritmi quantistici ben noti, come gli algoritmi di Shor o Grover, la correzione dell'errore quantistico dovrà essere posto al centro dell'attenzione.

La tesi estesa Church-Turing formulata da Bernstein e Vazirani afferma che qualsiasi modello di calcolo "ragionevole" può essere simulato in modo efficiente da una macchina di Turing.

Il nostro esperimento suggerisce che ora potrebbe essere disponibile un modello di calcolo che viola questo assunto.

Abbiamo eseguito il campionamento casuale del circuito quantistico in tempo polinomiale usando un processore quantistico fisicamente realizzabile (con tassi di errore sufficientemente bassi) per il quale non esiste un metodo efficiente per macchine informatiche classiche.

Come risultato di questi sviluppi l'informatica sta passando da un argomento di ricerca a una tecnologia che sblocca nuove capacità di elaborazione.

Rottura della crittografia: ci siamo!

Con la supremazia quantistica raggiunta come descritto nel capitolo precedente la crittografia ne riceverà sicuramente un bello scossone … non subito, ma fra non molti anni.

Vediamo cosa significhino applicazioni di calcolo quantistico alla crittografia e così comprendere rapidamente cosa implichi in pratica la diffusione di queste apparecchiature a breve.

I potenti super computer classici in questo senso non sono un rischio per la crittografia, infatti si calcolano in decine di migliaia di anni i tempi che richiederebbero per decriptare anche il più modesto sistema di sicurezza e la loro struttura non consente di prevederne uno sviluppo a quel livello per impaurire i criptografi.

Tutta la crittografia fino ad oggi se ne stava tranquilla sapendo che anche nel lontano futuro mai la vecchia tecnologia sarebbe stata in grado di rompere i suoi codic, ma ora le cose cambiano.

In sostanza il segreto della potenza di un computer quantistico risiede nella sua capacità di manipolare qubit, cioè sfruttarne i principi della meccanica quantistica per il calcolo matematico e qui ora se ne possono fare predizioni certe sul futuro prossimo.

La "**supremazia quantistica**" definita come il momento in cui uno di questi nuovi computer sarà in grado di completare calcoli matematici fuori dalla portata del calcolo classico è arrivata.

Non è ancora chiaro esattamente quanti qubit saranno necessari per raggiungere questo obiettivo perché questo dipende anche dagli algoritmi e nuovi ne nascono ogni giorno, ma alcuni come quello di Shor esistono già.

La corsa è aperta ed il numero di aziende che si aggiungono a Google per ottenere questa supremazia aumenterà.

Ecco che si presenta impetuosamente un argomento molto sensibile: la sicurezza digitale che il calcolo quantistico minaccia. Ci vorranno forse una decina di anni perché la paventata rottura si manifesti, ma già oggi si comincia a ragionare su una sicurezza **"post-quantistica"**.

Cerchiamo di capire cosa sta succedendo in questo campo partendo da quel piccolo simbolo del lucchetto che appare nei nostri browser ogni volta che utilizziamo un sito di e-commerce.

Quel simbolo ci dice che stiamo inviando e ricevendo e-mail e dati in sicurezza perché opportuni algoritmi proteggono il trasferimento di quei dati.

Il lucchetto ci informa che i servizi online stanno utilizzando il protocollo di sicurezza HTTPS, un protocollo web che crittografa i dati che inviamo su Internet e le risposte che riceviamo.

Questa e altre forme di crittografia proteggono tutti i tipi di comunicazioni elettroniche, le password, le firme digitali, le cartelle cliniche e molto altro.

I computer quantistici in futuro potrebbero "rompere" queste difese crittografiche anche se oggi non hanno ancora raggiunto la potenza di calcolo necessaria, ma la loro capacità elaborativa si sta evolvendo molto rapidamente se si considera quanto pubblicato da Google.

Prima o poi quindi queste macchine fantastiche diverranno una seria minaccia per i metodi di crittografia che il mondo intero utilizza.

Ecco perché i ricercatori e le società di sicurezza stanno correndo per sviluppare nuovi approcci alla crittografia in grado di resistere ai futuri attacchi di hacker che fossero in possesso di capacità di calcolo sufficientemente elevate.

Oggi esistono due tipi principali di crittografia digitale:

Crittografia simmetrica: richiede che un mittente e un destinatario dispongano di chiavi digitali identiche per crittografare e decriptare i rispettivi dati.

Crittografia asimmetrica o chiave pubblica: utilizza una chiave disponibile al pubblico per consentire alle persone di crittografare i propri messaggi per uno specifico destinatario che sarà l'unico proprietario di quella chiave privata.

Spesso questi due metodi vengono usati insieme. Nel caso di HTTPS, i browser Web utilizzano la crittografia a chiave pubblica per verificare la validità dei siti Web e quindi stabilire una chiave simmetrica per crittografare le comunicazioni.

L'obiettivo di queste tecnologie consiste nell'impedire agli hacker di utilizzare enormi quantità di potenza di calcolo per determinare le chiavi e così decifrare i messaggi.

Vi sono altri metodi crittografici come l'RSA, molto difficili da decriptare senza disporre di potenze di calcolo avveniristici, ma anche in questo caso è solo questione di tempo.

I computer quantistici un giorno potranno offrire ad eventuali hacker la potenza di calcolo necessaria utilizzando i qubit che col comportamento quantistico aumentano esponenzialmente la potenza al loro crescere di numero.

Si calcola che una macchina quantistica con un numero di qubit raggiungibile fra meno di dieci anni potrebbe provare tutte le possibili permutazioni di una chiave crittografica in un tempo relativamente breve.

Già lo scienziato Peter Shor che abbiamo menzionato in un capitolo precedente ha individuato un particolare algoritmo in grado di calcolare i fattori primi degli interi in modo incredibilmente veloce con un computer quantistico, milioni di volte più velocemente di un computer classico,.

Utilizzando questo algoritmo si calcola che un computer quantistico alla portata delle prossime generazioni potrebbe decifrare una codificai RSA a 1.024 bit in meno di un giorno.

Dato questo rischio, anche se non immediato, aziende e governi stanno già studiando come difendersi in quanto potrebbero essere necessari molti anni per ricodificare la montagna di dati già circolanti e quindi implementare da subito una "crittografia post-quantistica".

Una possibile difesa è quella di aumentare le dimensioni delle chiavi digitali in modo che il numero di permutazioni richieda capacità di calcolo enormi.

Si sta pensando anche ad una soluzione post-quantistica sfruttando la stessa meccanica quantistica. Questa soluzione viene chiamata "comunicazione quantistica" che sfrutta le leggi della fisica quantistica per proteggere i dati trasmettendoli in uno stato di sovrapposizione. Se un intruso cercasse di rilevarli, i dati stessi collasserebbero immediatamente diventando inintelligibili.

Questo processo di comunicazione futuristico prende il nome di "distribuzione quantistica delle chiavi" o QKD (Quantum Key Distribution) e molte menti ci stanno alacremente lavorando.

Un metodo analogo, ma più semplice, è quello di inviare i dati crittografati con bit classici come si fa ora, mentre le chiavi per la decodifica vengono trasmesse in uno stato quantistico tramite qubit utilizzando opportuni protocolli.

In questo caso chi trasmette genera una chiave di crittografia sotto forma di qubit i cui stati rappresentano i singoli valori di bit della chiave stessa e la immette sulla rete mediante il mezzo che li collega (cavo ottico, di rame, senza fili, ecc. ecc.).

Mediante un opportuno processo di confronto tra emittente e ricevente i due stabiliscono se la chiave inviata e ricevuta coincidono ed a quel punto il ricevente sa che i dati, se criptati, con quella chiave, sono sicuri.

Qualora si verificasse che le due chiavi, la inviata e la ricevuta, non coincidessero, allora certamente sul percorso di trasmissione è avvenuto un fenomeno di "decoerenza", cioè qualunque intruso, tentando di prelevare la chiave in sovrapposizione quantistica, l'ha fatta collassare rendendo evidente il suo tentativo.

In questo caso l'emittente dovrà generare una nuova chiave fino a quando tra partenza ed arrivo non si verificherà la coincidenza tra le due chiavi. Anche una rete criptata che funziona in questo modo viene definita rete "QKD".

Un esempio di rete QKD collega già Pechino con Shanghai utilizzando 32 nodi dove in ogni nodo le chiavi quantistiche vengono decodificate in bit e quindi nuovamente crittografate in un nuovo stato quantistico per il loro viaggio verso il nodo successivo.

Aziende ed enti coinvolti

Ingenti sono gli investimenti privati e pubblici volti ad accelerare lo sviluppo della tecnologia per l'informatica quantistica che appare ormai evidente come importante fattore competitivo tra Stati ed aziende.

Stati Unita e Cima sembrano tra le nazioni che stanno investendo di più e appaiono tallonarsi da vicino: certamente in questo campo se ne vedranno presto delle belle in termini di nuovi prodotti e gare tipo quella della conquista dello spazio.

Disporre di capacità di calcolo miliardi di volte più potenti di quelle offerte dai supercomputer, cosa ormai alla portata dell'umanità, significa disporre di strumenti di decrittazione, di formidabile possibilità di simulazioni progettuali e di superiorità competitiva per le aziende, una bella gara!

La tabella che segue, aggiornata all'inizio del 2019, mostra l'elenco delle aziende e degli enti che stanno lavorando alacremente a questa gara ed in pochi mesi dall'inizio del 2019 se ne sono aggiunte altre decine.

Ente	Nazione	Technologia	Affiliazioni
1QBit	Canada		
Accenture[1]	USA		
Airbus	Francia	Algorithms	
Aliyun (Alibaba Cloud)	Cina	Superconducting	Chinese Academy Sciences
Alpine Quantum Technologies	AUSTRIA	Trapped Ion	Univ. of Innsbruck
AT&T	USA		Calif. Inst. of Tech. Fermilab

Atom Computing	USA	Neutral Atom Quantum Computing	
Atos	Francia	Programming, Simulation, Crypto	
Baidu	Cina	Algorithms	Univ. of Technology Sydney
BEIT	Polonia	Algorithms	
Bleximo Corp.	USA	Superconducting	
Booz Allen Hamilton	USA		
BraneCell	USA		
BT	UK		
Cambridge Quantum Computing	UK	Quantum Cybersecurity	Univ. of Cambridge
Carl Zeiss AG	Germania		Univ. College London
D-Wave	Canada	Superconducting Quantum Annealer	
Elyah	UAE	Algorithms	
Fujitsu	Japan	Quantum Dots	Univ. of Tokyo
Google QuAIL	USA	Superconducting	UCSB
Hitachi	Japan		Univ. Cambridge, Univ. London
Honeywell	USA	Trapped Ion	Georgia Tech, Univ. of Maryland
HP	USA	Algorithms, NMR	
HRL Laboratories	USA		
Huawei Noah's Ark Lab	China		Nanjing Univ.
IBM	USA	Superconducting	MIT
ID Quantique	CH		
imec	Belgio	Superconducting	
InfiniQuant	Germania		Max Planck Inst.
Intel	USA		TU Delft
ionQ	USA	Trapped Ion	Duke Univ. Meriland
KPN	Olanda		
Lockheed Martin	USA	Quantum Annealing	Univ. South. Ca., Univ. College London
MagiQ	USA		
Microsoft Research QuArC	USA	Algorithms	TU Delft, Univ. Sydney, ETH Zurich, etc.

Microsoft Research Station Q	USA	Superconducting	UCSB
Mitsubishi	Japan		
NEC Corporation	Japan	Quantum Dots	Univ. of Tokyo
Nokia Bell Labs	USA		Univ. of Oxford
Northrop Grumman	USA		
NTT Laboratories	Japan	Photonic Quantum Computing	Bristol Univ.
Oxford Quantum Circuits	UK	Superconducting	Univ. of Oxford
Pasqal	Francia	Neutral Atom Quantum Computing	Institut d'Optique Graduate
PsiQuantum	USA	Photonic Quantum Computing	Bristol Univ.
Qbitlogic International	USA		
QC Ware	USA	Algorithms	
Q-Ctrl	Australia	Superconducting	
QNTM	Belgio		
Quandela	Francia	Photonic Quantum Computing	CNRS, Univ. Paris-Sacla
Quanterro Technologies FZC LLC.	UAE	Quantum communication	
Quantonation	Francia		
Quantum Benchmark Inc.	Canada	Algorithms	Univ. of Waterloo
Quantum Circuits, Inc.	USA	Superconducting	Yale Univ.
Quantum Xchange	US	Information security	
QuintessenceLabs	Australia		
QuiX	Olanda	Photonic Quantum Computing	Univ. of Twente
Qunnect, LLC	USA	Room-temperature devices	Stony Brook Univ.
QxBranch	USA		
R QUANTECH	CH	Algorithms	Polytechnic Univ. of Madrid
Rahko	UK		
Raytheon/BBN	USA	Superconducting	MIT
Rigetti Computing	USA	Superconducting	Berkeley
RIKEN	Japan	Superconducting	Tokyo Univ. of Science

SSilicon Quantum Computing	Australia	Quantum Dots	Univ. of New South Wales
Strangeworks	USA	Developer platform	
Toshiba	Japan	Quantum Dots	Univ. of Cambridge
Xanadu	Canada	Photonic Quantum Computing	Univ. Toronto, MIT, Pavia
Zapata Computing	USA	Algorithms	Harvard Univ.

Breve cronologia

La prima idea di computer quantistico la esposero separatamente in due articoli pubblicati in via indipendente i fisici Paul Benioff e Yuri Manin nel 1980.

Nel 1982 Benioff mostra che un quantum computer può essere reversibile, cioè le sue operazioni possono essere invertite.

Nel 1985 David Deutsch, in analogia a quanto fece Alan Turing con la definizione della macchina universale, definisce il computer quantistico universale, in grado di essere programmato con un qualsiasi algoritmo quantistico.

Anche Eric Drexler, in modo indipendente, rifletté sulla costruzione di computer molecolari nel suo libro Engines of Creation del 1986 ("Motori della creazione").

Nel 1992 Deutsch e Jozsa annunciano il primo algoritmo che esibisce un vantaggio quantistico.

Nel 1994 Peter Shor dimostrò che sarebbe stato possibile fattorizzare qualsiasi numero a grandi velocità di elaborazione.

Nel 1998 il fisico Bruce Kane propose la costruzione di un elaboratore quantistico su atomi di fosforo disposti su uno strato di silicio spesso solo 25 nanometri. È il computer quantistico di Kane.

Nel 2001 la IBM dimostra il primo calcolo di un algoritmo quantistico mediante un esperimento costituito da impulsi elettromagnetici che manipolano una risonanza magnetica nucleare su molecole costituite da sette atomi, che fungono da base hardware per sette bit quantistici (qubit). Questo metodo viene successivamente abbandonato perché non è in pratica realizzabile un sistema che controlli molecole con un numero di atomi sufficiente da fornire i qubits per un algoritmo quantistico di un qualche interesse pratico.

Nel febbraio 2005 viene realizzata, per la prima volta, una Correlazione quantistica fra atomi artificiali.

Nel 2005 viene dimostrata la prima porta logica quantistica detta Controlled-NOT (CNOT) mediante qubits a superconduttore.

Nel 2005 dei fisici dell'University of Arizona sono riusciti a misurare direttamente le variazioni subite dalla lunghezza d'onda di un atomo a contatto con una superficie.

Nel 2006 Peter Zoller, dell'Università di Innsbruck, scopre un metodo su come usare molecole polari criogeniche per rendere stabili le memorie quantistiche.

Ricercatori giapponesi sviluppano un metodo per contare singoli elettroni

Il 13 febbraio 2007 la D-Wave Systems mostra pubblicamente l'Orion, quello che si ritiene il primo computer quantistico adiabatico a 16 qubit [14].

Nell'aprile 2008 ricercatori dell'Università dello Utah con a capo Ajay Nahata dimostrano la possibilità di creare una porta logica quantica mediante una fibra ottica a raggi T [15].

Nel 2009 viene costruito il primo processore che sfrutta 2 qubit.

L'11 maggio 2011 la D-Wave Systems annuncia il D-Wave One, elaboratore a 128 qubit, che risulta essere il primo computer quantistico ad essere commercializzato [16]. Nel maggio 2013

Google e NASA presentano il D-Wave Two, nel Quantum Artificial Intelligence Lab, in California.

Nel 2012 l'azienda canadese D-Wave annuncia il primo computer quantistico commerciale. Si tratta di un "annealer quantistico ", denominato Vesuvius, costituito da 64 registri da 8 qubits a superconduttore. Il modello viene acquistato a fini di ricerca dalla NASA con Google e da Lockheed Martin.

In aprile 2012 gli scienziati del Max Planck Institute, istituto di ottica quantistica, riescono a creare la prima rete quantica funzionante.

Nel febbraio 2016 IBM mette a disposizione pubblicamente l'elaboratore IBM Quantum Experience [17], il primo computer quantistico in modalità cloud con un processore a 5 qubit.

A metà 2017 IBM mette a disposizione via cloud, tramite IBM Quantum Experience [17], processori quantistici a 16 e 20 qubit.

Nel marzo 2018 Google Quantum AI Lab [18], presenta il nuovo processore Bristlecone a 72 qubit.

L'8 gennaio 2019 IBM annuncia al CES il primo quantum computer per uso commerciale "IBM System Q One" e la piattaforma "IBM Q Network" per uso scientifico e commerciale.

Nel 2019 esistono computer quantistici commerciali basati rispettivamente sui superconduttori e sugli ioni carichi intrappolati. L'ambito dei computer quantistici è un campo di ricerca aperto che include anche altri differenti approcci che hanno consentito di implementare qubits e porte logiche tra cui i pozzi quantici o i difetti atomici nei semiconduttori (tra cui in silicio, arseniuro di gallio e diamante), atomi neutri, fotoni.

A febbraio 2019 IBM ha commercializzato il primo computer quantistico, denominato IBM Q System One, utilizzabile da remoto [12].

24 ottobre 2019 Google annuncia di aver raggiunto la "supremazia quantistica". Con un articolo pubblicato in quella data intitolato "**Quantum supremacy using a programmable superconducing processor**" Google afferma come con un computer basato sulla tecnologia a porte logiche con 53 qubit abbia raggiunto la supremazia quantistica.

Semantica

Algoritmo – È un preciso insieme di istruzioni da applicarsi meccanicamente per trovare la soluzione a una determinata istanza di un problema.

Annealer (Ricottura) – Particolare tipo di computer quantistico basato sul principio della ricerca di un minimo globale di una specifica funzione matematica. La funzione, detta "funzione di costo", descrive il problema da risolvere, che deve avere un insieme di possibili soluzioni. Il primo annealer quantistico è stato realizzato nel 2011 da D-Wave, azienda che si occupa tuttora dello sviluppo e delle applicazioni di questa tecnologia.

Circuiti elettronici superconduttivi (Superconducting loops) – Tecnologia per la realizzazione dei qubit. Una corrente libera da resistenze viene fatta oscillare avanti e indietro all'interno di un circuito elettronico. Iniettando nel circuito un segnale magnetico, nell'intervallo delle microonde, la corrente viene eccitata e portata in uno stato di sovrapposizione.

Tempo di coerenza – La durata dello stato di sovrapposizione quantistica di un elemento.

Contestualità quantistica (Quantum Contextuality) – È un fenomeno necessario per la "magia" per favorire il calcolo quantistico universale. I fisici sanno da tempo che misurare le cose a livello quantistico crea uno stato che non esisteva prima della misurazione. In altre parole, ciò che i misura dipende necessariamente dal modo in cui si effettua. Gli scienziati del Perimeter Institute for Theoretical Physics hanno scoperto che questo contesto è la chiave per sbloccare il potenziale del calcolo quantistico.

Computer quantistico (Quantum Computer) – L'evoluzione dei computer classici passa per la miniaturizzazione dei transistor fino a dimensioni pari a quelle dei singoli atomi. Quando si arriva a grandezze così piccole, non valgono più le regole della fisica classica, bensì quelle della fisica quantistica: una branca della fisica nata nel 1900 e caratterizzata da leggi e principi spesso contro intuitivi rispetto a quelli che si applicano nella vita di tutti i giorni. Alcuni di questi principi, come la sovrapposizione e la correlazione quantistica, sono alla base della costruzione dei computer quantistici. L'unità quantistica dell'informazione prende il nome di qubit ed esistono due principali tecnologie realizzative: i Gated Quantum Computer e gli Annealer.

Distillazione dello stato magico. la "magia" dietro il calcolo quantistico universale. È un approccio particolare alla costruzione di computer quantistici resistenti al rumore. Per superare gli effetti dannosi del rumore indesiderato vengono impiegate tecniche cosiddette "a tolleranza d'errore". Gli stati magici sono un ingrediente essenziale, ma difficile da ottenere e mantenere, che aumenta la potenza di un dispositivo quantistico per ricavarne la migliore potenza di elaborazione.

Entanglement (correlazione quantistica) — E' un fenomeno fisico che si verifica quando coppie o gruppi di particelle vengono generati o interagiscono in modo tale che lo stato quantico di ciascuna particella non può essere descritto in modo indipendente.

Gated Quantum Computer – Rappresenta la tecnologia di realizzazione dei computer quantistici più diffusa ed è studiata e applicata da BBN Technologies, da IBM, da Google, da Intel e da Rigetti Computing. Contrariamente agli annealer, i Gated Quantum Computer sfruttano una serie di porte logiche quantistiche, come la Porta Hadamard e la Porta Toffoli, per realizzare le operazioni fra i qubit. Funzionano, quindi, in maniera analoga ai computer classici.

IBM Q System One – Primo computer quantistico commercializzato da IBM nel 2019. Si tratta di un gated quantum computer ibrido a 20 qubit, realizzato anche grazie alla collaborazione con il CERN di Ginevra.

Micro-drum —E' un microscopico tamburo meccanico. I fisici del National Institute of Standards and Technology (NIST) hanno "correlato" un microscopico tamburo meccanico con segnali elettrici che confermano che potrebbe essere utilizzato come memoria quantistica. Il successo del NIST segna anche la prima correlazione tra un oscillatore macroscopico espandendo la gamma di usi pratici del tamburo.

Porta logica quantistica – È l'analogo quantistico delle porte logiche dei computer classici. Così come queste ultime consentono di effettuare operazioni sui bit, le porte logiche quantistiche consentono di manipolare i qubit. Esistono molte porte logiche quantistiche e sono caratterizzate dal fatto di essere reversibili. Una volta applicate, quindi, consentono sempre di risalire agli stati originali dei qubit.

Porta Hadamard (Hadamard Gate) – Si tratta della porta logica quantistica che permette di mettere un singolo qubit in uno stato di sovrapposizione.

Porta Toffoli (Toffoli Gate) – Questo tipo di porta logica quantistica consente di mettere in relazione fra loro tre qubit.

Quantum Memory State — E' lo stato che i qubit devono mantenere per poter essere utilizzati. Questi stati si sono dimostrati estremamente fragili perché una minima interferenza può distruggerli (decoerenza). Per questo motivo, la maggior parte degli esperimenti con i qubit richiede il raffreddamento fino allo zero quasi assoluto ed una pesante schermatura.

Quantum Register — Una serie di n qubit in un registro quantistici di dimensione n.

Qubit – Il qubit è l'unità quantistica dell'informazione dei computer quantistici e ne costituisce il mattone fondamentale. Il qubit può assumere infiniti valori 1 e 0 rappresentati dalla "Sfera di Bloch".

Qubit Topologico — Sono in uno stato quantico particolare e straordinariamente delicato; una volta creati, teoricamente si comportano come solidi nodi, resistenti ai disturbi che distruggono le delicate proprietà di ogni altro tipo di qubit.

Sovrapposizione (Superposition) – Mentre i bit classici possono assumere solo un valore alla volta, i qubit godono della proprietà della sovrapposizione quantistica cioè che è una realtà delle leggi della meccanica quantistica. La sovrapposizione consente a un qubit di esprimere infiniti valori possibili esistenti fra "0" e "1" contemporaneamente, fino a quando non viene misurato,.

Spin — Talvolta chiamato "spin nucleare" o "spin intrinseco" è la versione quantistica del momento angolare di particelle elementari, particelle composite (adroni) e nuclei atomici. La rotazione non ha nulla a che fare con la rotazione reale. I fisici usano la parola "rotazione" o "rotazione intrinseca" per distinguere il momento angolare che le particelle hanno in parte dal momento angolare reale delle cose che ruotano fisicamente.

Temperatura criogenica – È la temperatura, prossima allo zero assoluto (lo zero assoluto corrisponde a -273,15 gradi centigradi e a zero gradi Kelvin), alla quale vengono portati i componenti dei circuiti elettronici per poterne evidenziare i comportamenti quantistici. Il
Trappole di ioni (Trapped Ions) – Gli atomi carichi elettricamente, o gli ioni, hanno una quantità di energia che dipende dalla posizione degli elettroni. Questa caratteristica può essere utilizzata per realizzare dei qubit grazie a dei laser, sintonizzati su specifiche frequenze, che raffreddano e intrappolano gli ioni, costringendoli in uno stato di sovrapposizione.

Transmon — È un qubit superconduttore a forma di anello che può essere creato a temperature estremamente basse e che possono essere collegati fra loro. Un transmon standard può mantenere la sua coerenza per circa 50 microsecondi, abbastanza a lungo per essere utilizzato nei circuiti quantistici.

Xmon – E' un qubit a forma di croce creato da un team dell'Università della California, Santa Barbara. Il team ha scoperto che posizionando cinque Xmon in una sola riga (con ogni qubit che comunica al più vicino) sono stati in grado di creare una disposizione quantistica stabile ed efficace che fornisce grande stabilità e il minor numero di errori. Come la maggior parte degli altri qubit, lo Xmon deve essere tenuto a temperature vicine allo zero assoluto.

Riassumiamo dove siamo col quantistico

Attualmente il calcolo quantistico si presta bene per tre tipi di applicazione per le quali è agevole predisporne gli algoritmi necessari.

Come abbiamo più volte sottolineato, per i computer classici l'aumento della complessità del problema da risolvere richiede tempi che aumentano esponenzialmente con la complessità per effetto della loro struttura di elaborazione sequenziale.

Col parallelismo e la velocità intrinseca dei computer quantistici i tempi di elaborazione si riducono di molti ordini di grandezza, ma questa specularità non porta vantaggi in tutte le possibili applicazioni. Riassumiamo qui di seguito dove questi nuovi computer offrono vantaggi indiscutibili.

Ottimizzazione: per trovare rapidamente la migliore decisione tra un gran numero di possibili opzioni in molti settore in cui operano le imprese. Ne sono esempi l'ottimizzazione del percorso più conveniente per le spedizioni delle merci, il modo più efficiente per estrarre risorse da una miniera, l'allocazione più produttiva delle risorse in una linea di produzione, la ricerca di metodi innovativi per scoprire nuovi farmaci e la gestione del rischio in portafogli finanziari.

Problemi di campionamento: ideali per computer quantistici adiabatici che possono portare rapidamente a soluzioni per consentire di generalizzare i risultati distribuendoli su un campione molto più grande di popolazione .

Intelligenza artificiale: applicando l'apprendimento automatico con l'ottimizzazione ed il campionamento si ottiene un grande aumento della capacità di apprendimento automatico in moltissimi settori. Ad esempio, un'azienda può costruirsi una rappresentazione probabilistica di un certo aspetto del comportamento dei suoi clienti ed utilizzare un computer quantistico adiabatico per ottenere informazioni su come si presenta il modello ora e con apprendimento automatico scoprire come migliorare il modello nel futuro.

Le imprese con maggiori capacità di ottimizzazione, grazie alla disponibilità di queste tecnologie, saranno in futuro sicuramente competitive verso quelle che non ne disporranno. Disporranno infatti di un miglior controllo dei propri costi ed una veloce capacità di analizzare opzioni a disposizione.

Anche le industria deve identificare problemi che algoritmi quantistici possono rapidamente migliorare come l'ottimizzazione della catena produttiva.

Per poter iniziare questa sperimentazione le aziende non devono dotarsi da subito di questi strumenti, tra l'altro ancora costosissimi, ma possono ricorrere ad una sperimentazione pratica grazie all'acceso dei cloud di fornitori che già dispongono di computer quantistici e che mettono a disposizione attraverso i loro cloud: Google, Microsoft IBM e D-Wave sono importanti esempio e molte altre presto entreranno nell'agone del quantum computing.

Su mercato sono già disponibili software che rendono semplice la sperimentazione da sottoporre a computer quantistici per costruire applicazioni pilota e linguaggi evoluti di programmazione cominciano ad essere offerti.

Ad esempio, la Microsoft offre un suo simulatore di calcolo quantistico, un'architettura software completa ed una suite di strumenti per il calcolo quantistico. Altri fabbricanti hanno realizzato simulatori per consentire ai loro clienti aziendali di testare applicativi specializzati.

IBM ha reso accessibile da tempo e gratuitamente nel suo cloud un modello quantistico basato su un computer quantistico a 5 qubit sperimentabile da chiunque.

In ambito di applicativi aziende come 1QBit, QxBranch e QCWare, ed un mare di altre startup, per colmare il divario tra ricerca sperimentale e mercato, forniscono software standard. Vengono così affrontati vecchi problemi molto impegnativi risolvendoli velocemente in modalità quantistica.

I Governi di molti Paesi hanno cominciato ad interessarsi attivamente a questo settore finanziando ricerche quantistiche, favorendo Università e centri di ricerca e contemporaneamente Venture Capital specializzati come Quantum Wave Fund e Quantum Valley Investments alimentano alla grande le nuove startup del settore.

Va precisato come allo stato dell'arte non si prevede una sostituzione dei computer classici con questa nuova generazione e questo anche per un lontano futuro.

Applicazioni congiunte sono attualmente il mantra ripetuto dagli esperti: la potenza elaborativa ad ampio raggio ottenibile dal tradizionale schema elaborativo ideato da Van Neumann collaborerà col quantistico per un lungo tempo.

Essenzialmente i computer quantistici possono essere considerati come efficientissimi coprocessori di computer classici e alla loro unione si raggiungono ampiezze teoriche di impiego veramente illimitate.

Che poi importanti enti come le americane NASA e CIA siano corse ad acquistarli si spiega proprio con il fatto che per certe applicazioni questi nuovi computer rappresentano, con la loro velocità, dei veri e propri vantaggi e/o pericoli per la sicurezza potendo interferire sui sistemi di crittografia e non solo.

Produttori di automobili come Volkswagen e Daimler utilizzano già computer quantistici per simulare la composizione chimica delle batterie dei veicoli elettrici e per trovare nuovi metodi per migliorare le loro prestazioni.

Le aziende farmaceutiche stanno sfruttandone le prestazioni per analizzare e confrontare i composti per creare nuovi farmaci.

Airbus sta usando il calcolo quantistico per calcolare i percorsi ottimali dal punto di vista dei consumi durante i decolli e gli atterraggi.

Volkswagen ha presentato un'applicazione su computer quantistici per calcolare i percorsi ottimali per autobus e taxi nelle città al fine di ridurre al minimo la congestione.

Non passa giorno senza che nuove applicazioni vengano presentate all'industria da nuove startup ed enti di ricerca per risolvano problemi che l'industria riteneva o difficili o impossibili con i metodi tradizionali.

Alcuni ricercatori ritengono che questi computer, con i giusti algoritmi, accelereranno l'utilizzo dell'intelligenza artificiale da parte del mondo produttivo in un modo cche oggi non è prevedibile.

E' certo che se queste esotiche nuove macchine informatiche manterranno le loro promesse, interi settori dell'industria e della vita verranno trasformati.

Man mano che gli sforzi sperimentali per realizzare i computer quantistici acquistano slancio, la sfida a breve termine è quella di identificare e creare applicazioni quantistiche ed i relativi algoritmi di cui hanno bisogno per produrre i loro eccezionali risultati.

Siamo solo all'inizio e gigantesco è il numero degli ingegneri, degli scienziati e delle aziende piccole e grandi che stanno investendo tempo e denaro per scoprire nuove strade applicative e superare i molti ostacoli tecnici che ancora si frappongono per un utilizzo generalizzato della tecnologia quantistica.

Grandi Scienziati

Nelle pagine che seguono sono riportate brevi biografie di 11 scienziati che, con i loro lavori, hanno contribuito alla realizzazione dell'informatica quantistica.

Sono fisici ed ingegneri che stanno portando avanti una nuova era che possiamo chiamare post-Moore.

Sono elencati in ordine di data di nascita partendo dalla più recente.

Winfried Hensinger (1963)

Umesh Virkumar Vazirani (1962)

Lov Kumer Grover (1961)

Peter Williston Shor (1959)

Richard Feynman (1918 – 1988)

Paul Dirac (1902 - 1984)

John von Neumann (1903 - 1957)

Werner Heisenberg (1901 – 1976)

Erwin Schrödinger (1887 1961)

Albet Einstein (1879 – 1955)

David Hilbert (1862 – 1943)

Winfried Hensinger (1963)

E' un fisico tedesco che si occupa della tecnologia dei computer quantistici. Ha studiato alla Ruprecht-Karls-Universität Heidelberg e poi all'Università del Queensland a Brisbane, dove ha conseguito la laurea e il dottorato presso Halina Rubinsztein-Dunlop.

Ha lavorato sulla dinamica quantistica non lineare con atomi ultrafreddi. Durante il suo soggiorno presso il National Institute of Standards and Technology ha collaborato col premio Nobel William Daniel Phillips a Gaithersburg dove ha studiato l'effetto del tunneling quantistico dinamico (ovvero il tunneling a due stati) nei condensati di Bose-Einstein con atomi di sodio.

Come studente post-dottorato, ha trascorso tre anni con Christopher Monroe presso l'Università del Michigan, dove è iniziata la collaborazione sull'implementazione di trappole ioniche per singoli atomi utilizzando tecnologie di fabbricazione di chip su larga scala su microchip (il brevetto statunitense è stato concesso nel 2008).

Trasferito nel 2005 all'Università del Sussex come docente è poi diventato direttore del Quantum Technology Group.

Nel 2015 ha sviluppato un metodo per raffreddare gli atomi nelle trappole ioniche con microonde anziché usare i laser ed ha portato la temperatura ad un milionesimo di grado sopra lo zero assoluto.

Umesh Virkumar Vazirani (1962)

E' un accademico indiano-americano professore di Ingegneria elettrotecnica e informatica all'Università Berkeley della California, e direttore del Centro di calcolo quantistico a Berkeley.

Ricercatore di informatica quantistica è coautore di un libro di testo sugli algoritmi. Ha conseguito una laurea presso il MIT nel 1981 e dottorato di ricerca. nel 1986 all'università di Berkeley sotto la supervisione di Manuel Blum.

È uno dei fondatori dell'informatica quantistica con un suo articolo sulla teoria della complessità quantistica del 1993 redatto assieme allo studente Ethan Bernstein.

Definì un modello di macchine quantistiche di Turing che fosse suscettibile di analisi basate sulla complessità.

In questo documento ha anche fornito un algoritmo per la trasformata quantistica di Fourier, che è stata poi utilizzata da Peter Shor per ill suo famoso algoritmo quantistico.

Nel 2005 con suo fratello Vijay Vazirani ha ricevuto la nomina come Fellows of the Association for Computing Machinery.

Nel 2012 è stato insignito del premio Fulkerson per il suo lavoro sul miglioramento del rapporto di approssimazione per separatori di grafici e problemi correlati.

Nel 2018, è stato eletto alla National Academy of Sciences.

Lov Kumer Grover (1961)

È uno scienziato informatico americano-indiano creatore dell'algoritmo di ricerca nei database, detto algoritmo di Grover, utilizzato nel calcolo quantistico.

L'algoritmo di Grover risale al 1996 e divenne famoso come il secondo algoritmo fondamentale proposto per l'informatica quantistica, dopo l'algoritmo di Shor del 1994.

Nel 2017 l'algoritmo fu verificato in un computer quantistico reale e scalabile.

L'algoritmo di Grover è stato oggetto di numerosi articoli scientifici molto popolari.

Grover è stato classificato come il nono scienziato informatico più importante dell'India.

Grover ha conseguito la laurea presso l'Indian Institute of Technology di Delhi nel 1981 e il dottorato di ricerca in ingegneria elettrotecnica presso la Stanford University nel 1985.

E' poi passato ai Bell Laboratories da dove ha collaborato come assistente professore alla Cornell University dal 1987 al 1995.

Peter Williston Shor (1959)

E' un professore americano al MIT di matematica applicata. E'noto per il suo lavoro sul calcolo quantistico, in particolare per l'ideazione dell'algoritmo di Shor, un algoritmo quantistico per il factoring esponenzialmente più veloce rispetto al migliore algoritmo attualmente noto in esecuzione su un computer classico.
Si è classificò terzo alle Olimpiadi matematiche USA del 1977 e dopo essersi laureato ha vinto una medaglia d'argento alle Olimpiadi matematiche internazionali in Jugoslavia.

Ha ricevuto il suo B.S. in matematica nel 1981 e poi si è laureato al Caltech. Ha conseguito il dottorato di ricerca. in Matematica applicata del MIT nel 1985 con una tesi sull'analisi probabilistica degli algoritmi di impacchettamento.

Ha lavorato ai Bell Laboratories dove ha sviluppato l'algoritmo di Shor, per il quale gli fu assegnato il Premio Rolf Nevanlinna al 23 ° Congresso Internazionale dei Matematici nel 1998 e il Premio Gödel nel 1999. Nel 1999 gli è stato assegnato un MacArthur Fellowship. Nel 2017 ha ricevuto la medaglia Dirac dell'ICTP.

Ha iniziato la sua posizione al MIT nel 2003 ed affiliato con CSAIL e il Center for Theoretical Physics (CTP).

Ha ricevuto un Distinguished Alumni Award dal Caltech nel 2007. Il 1 ° ottobre 2011 è stato inserito nell'American Academy of Arts and Sciences.

Richard Feynman (1918 - 1988)

Richard Feynman nasce l'11 maggio 1918 a New York e muore il 15 febbraio 1988 a Los Angeles. Fisico teorico americano ricostruì l'elettrodinamica quantistica e modificò il modo in cui la scienza comprende la natura delle onde e delle particelle. Nel 1965 ottenne il premio Nobel per la fisica per i fenomeni elaborati in modo diverso da Maxwell per la luce, le radio onde, l'elettricità e il magnetismo. Ha inventato, nuovi strumenti di rappresentazioni visuale di interazioni di particelle noti come diagrammi di Feynman.

Ha studiato fisica al Massachusetts Institute of Technology, dove con la sua tesi di laurea del 1939 ha proposto un approccio originale al calcolo delle forze nelle molecole. Ha conseguito il dottorato alla Princeton University nel 1942.

A Princeton ha sviluppato un approccio alla Meccanica Quantistica governata dal principio della minima azione e sostituendo il quadro elettromagnetico sviluppato da Maxwell con uno basato interamente sulle interazioni delle particelle mappate nello spazio e nel tempo. Feynman ha calcolato le probabilità di tutti i possibili percorsi che una particella potrebbe intraprendere andando da un punto ad un altro.

Durante la Seconda guerra mondiale ha partecipato allo sviluppo della bomba atomica a Los Alamos. Alla Cornell University dal 1945 al 1950 studiò le questioni fondamentali dell'elettrodinamica quantistica. Nel 1950 divenne professore di fisica teorica al California Institute of Technology (Caltech), dove rimase il resto della sua carriera.

Importante è il suo lavoro nel correggere le inesattezze delle precedenti formulazioni dell'elettrodinamica quantistica, la teoria che spiega le interazioni tra radiazione elettromagnetica e particelle subatomiche cariche come elettroni e positroni. Nel 1948 Feynman completò questa ricostruzione di gran parte della Meccanica Quantistica e dell'elettrodinamica e risolse problemi dove la vecchia teoria quantistica elettrodinamica non riusciva.

Werner Heisenberg (1901 - 1988)

Werner Heisenberg nasce il 5 dicembre 1901 a Würzburg in Germania e muore il 1 ° febbraio 1976 a Monaco. Fisico e filosofo tedesco che scoprì nel 1925 un modo per formulare la Meccanica Quantistica in termini di matrici. Per quella scoperta, gli fu conferito il premio Nobel per la fisica per il 1932. Nel 1927 pubblicò il suo "principio di indeterminazione". Contribuì alle teorie dell'idrodinamica dei flussi turbolenti, del nucleo atomico, del ferromagnetismo, dei raggi cosmici e delle particelle subatomiche e fu determinante nella pianificazione del primo reattore nucleare della Germania occidentale a Karlsruhe, insieme a un reattore di ricerca a Monaco nel 1957.
Nel 1910 divenne professore di filologia greca all'Università di Monaco, poi entrò nel Maximillians-Gymnasium ed infine passò all'Università di Monaco nel 1920 dove col suo professore Arnold Sommerfeld sviluppò il modello quantico dell'atomo che spiegava l'effetto Zeeman, introducendo numeri quantici a mezzo intero, una nozione in contrasto con la teoria di Bohr.

Fu studente di Max Born all'Università di Gottinga dove incontrò anche Bohr. Nel 1925 con Bohr presso l'Università di Copenaghen affrontò il problema delle intensità dello spettro dell'elettrone come un oscillatore anarmonico concludendo come si debba solo considerare quantità osservabili.

Il formalismo di Heisenberg si basava sulla moltiplicazione non commutativa e poteva essere espresso usando l'algebra matriciale. Born, Heisenberg e Jordan con l'articolo "Sulla Meccanica Quantistica II", introducono la nuova Meccanica Quantistica. All'istituto di Bohr a Copenaghen, le loro conversazioni culminarono nel documento di riferimento di Heisenberg del marzo 1927, "Über den anschulichen Inhalt der quantentheoretischen Kinematik und Mechanik" ("Sul contenuto percettivo della cinematica e meccanica teorica quantistica") in cui il momento (p) e la posizione (x) di una particella non potevano essere misurati esattamente e contemporaneamente.

Paul Adrian Maurice Dirac (1902 - 1984)

Nasce l'8 agosto 1902 a Bristol, Gloucestershire, Inghilterra e muore il 20 ottobre 1984 a Tallahassee, Florida. Fisico teorico inglese che uno dei fondatori della Meccanica Quantistica e dell'elettrodinamica quantistica. Famoso per la sua teoria quantistica relativistica dell'elettrone del 1928 e per la sua previsione dell'esistenza del positrone.
Nel 1933 condivise il premio Nobel per la fisica con Erwin Schrödinger. I suoi scritti sono capolavori letterari grazie alla loro perfezione nella forma e nelle espressioni matematiche.

Dirac studiò ingegneria elettrotecnica all'Università di Bristol dal 1918 al 1921. Entrò all'Università di Cambridge come studente di ricerca nel 1923 dove aveva un insegnante personale in Ralph Fowler, conoscitore della nuova teoria quantistica. Nel 1925 lesse un articolo di Werner Heisenberg sul modello atomico di Bohr e la nuova Meccanica Quantistica ed in una serie di articoli del 1926 ha ulteriormente sviluppato quelle idee generalizzandole. Poi combinò l'approccio a matrice con i potenti metodi della meccanica ondulatoria di Schrödinger e l'interpretazione statistica di Born in uno schema generale, la teoria della trasformazione, che fu il primo completo formalismo matematico della Meccanica Quantistica. Lo si considera l'iniziatore dell'elettrodinamica sviluppando metodi per quantizzare le onde elettromagnetiche e inventò la cosiddetta seconda quantizzazione.

Nel 1928 Dirac pubblicò quella l'equazione delle onde relativistiche per l'elettrone. Per soddisfare la condizione di invarianza relativistica l'equazione di Dirac richiedeva una combinazione di quattro funzioni d'onda e quantità matematiche relativamente nuove note come spinori. L'equazione descriveva anche lo spin degli elettroni una caratteristica fondamentale per le particelle quantistiche. Soddisfatto dell'interpretazione secondo cui le leggi fondamentali che regolano le particelle microscopiche sono probabilistiche.

John von Neumann (1903 - 1957)

Nasce il 28 dicembre 1903 a Budapest e muore l'8 febbraio 1957 a Washington, DC. Matematico americano di origine ungherese è uno dei più grandi matematici del mondo ed i suoi lavori influenzarono la teoria dei quanti, la teoria degli automi, l'economia e la pianificazione della difesa.

E' stato il pioniere della teoria dei giochi e insieme ad Alan Turing e Claude Shannon è stato uno degli inventori del moderno computer digitale.

Studiò chimica e matematica ed ha conseguito una laurea in ingegneria chimica nel 1925 presso l'Istituto federale svizzero di Zurigo e un dottorato in matematica nel 1926 presso l'Università di Budapest.

Dal 1926 al 1927 von Neumann svolse un lavoro post-dottorato sotto Hilbert all'Università di Gottinga sull'assiomatizzazione della matematica e con lui pubblicò nel 1932 "*The Mathematical Foundations of Quantum Mechanics*".

Nel 1933 divenne uno dei primi professori all'Institute for Advanced Study (IAS) di Princeton. Nel 1943, su invito di Oppenheimer, iniziò a lavorare al Progetto Manhattan.

Nel 1944 pubblicò Theory of Games and Economic Behaviour. Dal 1944, ha contribuito alla creazione del computer ENIAC come macchina a programma memorizzato. Pubblicò libri sul design del computer digitale basato su quella che poi fu definita "macchina di von Neumann".

Fu membro della Commissione per l'energia atomica e consigliere del presidente Eisenhower. Ha previsto come una macchina possa riprodursi da semplici componenti leggendo il proprio codice "genetico". Nel 1956 ricevette il premio Enrico Fermi. Agnostico per tutta la vita, poco prima della sua morte si convertì al cattolicesimo romano. Paul Samuelson giudicò von Neumann "un genio così intelligente da vedere attraverso se stesso. Con il suo lavoro cardine sulla teoria quantistica, la bomba atomica e il computer, von Neumann ha esercitato un'influenza significativa sul mondo moderno.

Erwin Schrödinger (1887 - 1961)

Erwin Schrödinger nasce il 12 agosto 1887 a Vienna e muore il 4 gennaio 1961 a Vienna. Fisico teorico austriaco contribuì alla teoria ondulatoria della materia e ad altri fondamenti della Meccanica Quantistica. Ha condiviso il Premio Nobel per la fisica del 1933 con il fisico britannico Dirac.

Si laureò all'Università di Vienna nel 1906 e conseguì il dottorato nel 1910. Nel 1921 frequentò l'Università di dove nel 1926, ha dato le basi della meccanica delle onde quantiche con la equazione differenziale con cui descrive il comportamento del mondo atomico.

Le soluzioni dell'equazione sono funzioni d'onda che possono essere correlate solo al probabile verificarsi di eventi fisici. Questo aspetto della teoria quantistica rese Schrödinger e molti altri fisici profondamente. Famosa fu il paradosso del gatto del 1935 in cui il gatto si troverebbe in una sovrapposizione di due stati: vivo e morto.

Dal 1927 al 1933 successe a Planck all'Università di Berlino. In seguito, frequentò Austria, Gran Bretagna, Belgio, Pontificia Accademia delle Scienze a Roma e nel 1940 - l'Istituto per gli studi avanzati di Dublino.

Nel 1944 pubblicò "What Is Life?" per spiegare la stabilità della struttura genetica con la Meccanica Quantistica. Il libro rimane una delle intuizioni più profonde sull'argomento.

Nel 1956 tornò a Vienna come professore emerito all'università locale. Si distinse per la sua straordinaria versatilità intellettuale. Era a suo agio nella filosofia e nella letteratura di tutte le lingue occidentali e la sua scrittura scientifica popolare in inglese è tra le migliori del suo genere. Il suo studio sull'antica scienza e filosofia greca, sintetizzato nel 1954 in "Nature and the Greeks" prova la sua ammirazione per la visione scientifica del mondo greco. La visione metafisica di Schrödinger è espressa nel suo ultimo libro del 1961 "Meine Weltansicht". Niels Bohr (1885 – 1962).

Albert Einstein (1872 - 1955)

Forse il più grande e più noto scienziato del secolo scorso nasce il 14 marzo 1879 a Ulma in Germania. Dopo un passaggio in Italia col padre industriale nel mondo dei prodotti elettrici dell'epoca, si iscrive al Politecnico di Zurigo dove si laurea nel 1900 in fisica e matematica, materie per cui ha una grande passione. Una volta laureato inizia la sua attività come impiegato dell'ufficio brevetti, ove alterna lavoro e studio.

Nel 1905 pubblica negli Annalen der Physik, principale rivista scientifica tedesca, 3 articoli che lo renderanno famoso: il primo sull'effetto fotoelettrico, il secondo sul moto browniano ed il terzo sull'elettrodinamica dei corpi in movimento (oggi denominata teoria speciale della relatività).

Nel 1914 diventa direttore all'Istituto di Fisica di Berlino e nel 1915 pubblica la sua Teoria Generale della Relatività. Nel 1921 gli viene assegnato il premio Nobel per la Fisica per il suo lavoro sull'effetto fotoelettrico pubblicato nel 1905.

Nel 1933 in USA per una conferenza presso l'Università di Princeton, decide di non tornare in Germania per le leggi razziali approvate in quel Paese proprio in quel momento.

Profondo pacifista, comunque, nel 1940 scrive una famosa lettera al presidente Roosvelt per convincerlo sulla necessità di costruire la bomba atomica prima della Germania, lettera di cui si pentirà.

I meriti, i riconoscimenti, le idee scientifiche e politiche di questo grandissimo scienziato riempiono intere biblioteche e le sue teorie resistono ad ogni prova pratica tanto che sono ancora oggi la base di tutte le teorie cosmologiche.

Einstein muore a Princeton il 18 maggio 1955 a 76 anni, ancora convinto, come disse con una sua famosa frase "che Dio non gioca a dadi", alludendo alla Meccanica Quantistica verso la quale nutriva profondi dubbi.

David Hilbert (1862 - 1943)

Matematico tedesco ricordato come estensore della geometria euclidea con l'introduzione 20 assiomi, partendo dai quali costruì una geometria completamente nuova. Hilbert afferma testualmente che: "Se la geometria tratta di ***cose***, gli assiomi non sono verità evidenti in sé, ma devono essere considerati arbitrari".

Hilbert enumera i concetti indefiniti che sono: punto, retta, piano, giacere su (una relazione fra punto e piano), stare fra, congruenza di coppie di punti, e congruenza di angoli. Così il sistema di assiomi riunisce in un solo insieme la geometria euclidea piana e solida.

Famosi sono i 23 problemi che Hilbert propose nel 1900 con l'intento di riorganizzare l'intera matematica. Questi problemi comunicati in modo organico alla comunità dei matematici erano da lui ritenuti i problemi più cruciali che dovevano essere risolti.

Il suo tentativo di assiomatizzazione completa della matematica non riuscì e solo Gödel nel 1931 con i suoi teoremi di incompletezza dimostrò come fosse impossibile.

Hilbert scoprì le equazioni di campo per la teoria della relatività generale di Albert Einstein, ma non ne rivendicò la scoperta. Un articolo del 1997 su Science[1] mostra come Hilbert inviò il suo articolo il 20/11/1915, cinque giorni prima di quello di Einstein, con le equazioni corrette. Hilbert comunque scrisse:" Le equazioni differenziali della gravitazione ottenute mi sembrano in accordo con la magnifica teoria della relatività generale enunciata da Einstein nel suo ultimo articolo".

Tra gli studenti di Hilbert vi furono Hermann Weyl, Ernst Zermelo, John von Neumann, e Emmy Nöther.

www.ingramcontent.com/pod-product-compliance
Lightning Source LLC
LaVergne TN
LVHW030217230826
846093LV00011B/502

* 9 7 8 1 7 0 2 3 7 9 2 7 4 *